错把妻子当帽子

[美]奥利弗·萨克斯——著

孙秀惠——译

The Man Who Mistook His Wife for a Hat

中信出版集团·CHINACITICPRESS·北京

图书在版编目（CIP）数据

错把妻子当帽子 /（美）萨克斯著；孙秀惠译 . --
北京：中信出版社，2016.7
书名原文：The Man Who Mistook His Wife for a
Hat
ISBN 978-7-5086-6293-0

I. ①错… II. ①萨…… ②孙… III. ①认知心理学－
通俗读物 IV. ① B842.1-49

中国版本图书馆 CIP 数据核字（2016）第 123708 号

错把妻子当帽子

著　　者：[美] 奥利弗 · 萨克斯
译　　者：孙秀惠
策划推广：中信出版社（China CITIC Press）
出版发行：中信出版集团股份有限公司
（北京市朝阳区惠新东街甲 4 号富盛大厦 2 座　邮编　100029）
（CITIC Publishing Group）
承 印 者：北京鹏润伟业印刷有限公司

开　　本：880mm×1230mm　1/32　　印　　张：12　　字　　数：188 千字
版　　次：2016 年 7 月第 1 版　　印　　次：2016 年 7 月第 1 次印刷
京权图字：01-2009-3302　　广告经营许可证：京朝工商广字第 8087 号
书　　号：ISBN 978-7-5086-6293-0
定　　价：48.00 元

每个人都是一个独特的个体，要寻找自己的路，过自己的生活，也以自己的方式死去。

——奥利弗·萨克斯

*　　*　　*

目录

第四部 心智简单者的世界

*　　　　　　　*　　　　　　　*　　　　　**推荐序1**

因为写这篇序的缘故，仔细阅读了奥利弗·萨克斯的生平，发现其实我早就与他有些联系。萨克斯的研究理念，可以说师承俄国神经科学家卢瑞亚（A. R. Luria），而这位前辈，曾经因为在大脑皮层功能研究领域的探索性研究，被我的博士论文多次引用。

五六十年前，关于神经系统可塑性的研究，还远没有现在这么深入，大脑内“神经线路”的联系，一旦固定还能否改变，还没有一个笃定的结论。卢瑞亚和萨克斯认定大脑有“卓越的可塑性、惊人的适应能力”，而且这些“不仅仅是在神经或感知障碍的这种特殊（而且经常是令人绝望的）环境下才会出现”，他们主张不单单要面对来问诊的病人，更要看到处在日常生活环境中的病人。这些见地，在当时的情境下，可谓先锋。

萨克斯和卢瑞亚的交情，始于1974年前后的一段通信。那年萨克斯在挪威的一个边远山区，遭遇了一头愤怒的公牛，情急之下他急转逃生，一脚踩空，左腿肌腱断裂，神经损伤，造成了严重的残疾。

他慢慢发现这条腿仿佛不再是自己身体的一部分，奇异的遭遇让他以一个病人的视角审视自己的身体和心理。他将之称为“医学的机缘”。正是因为这个机缘，他和卢瑞亚讨论起人体的整体机能，关于个体和环境的联系。卢瑞亚鼓励说“你正在揭示一个全新的领域”，这样的信件给了他极大的支持。

萨克斯的这段遭遇，后来被写成《单腿站立》一书，于1984年出版。事实上，从1973年起，他就开始以亲身的医患经历，写作了一系列的“医疗轶事”，《觉醒》、《错把妻子当帽子》，这些都成为世界范围的畅销书。他将病患案例文学化，将虚构与真实融为一体，饱含同情，着力描写患者的各种身心体验，给读者打开一道通往奇异世界之门。这一系列的书，获得了极大成功，被翻译成多国语言。萨克斯因癌症于2015年8月30日在纽约去世，享年82岁。他生前就职于美国哥伦比亚大学，作为顶尖医生的同时，也成为了著名的畅销书作家，被称为“脑神经文学家”，被《纽约时报》誉为“医学桂冠诗人”。

萨克斯的书中描写了很多例“病感失认症”，这也是我最感兴趣的话题。由于中风或其他原因，病人可能无法辨认自己身体的一部分，甚至觉得那是别人的。他们会在火车上指着自己的手对邻座说：“对不起，先生，您把手放在我的膝盖上了。”即便被旁人提醒，这些可怜的病人都很难意识到自己的错误。对自己身体的错误感知，有时会发展到匪夷所思的地步。记得英国《卫报》曾有个记者写到自己的遭遇，他有天早晨起来，感觉“自己跟电视机遥控器一样高”，“脚陷进了地毯里”。此后，他时不时被猛然抛进童话世界：手指变得有半里长，走到街上，路旁的车看起来像威尔士矮脚狗那么大。有时办公的时候，身体突然缩小，椅子变得好大，感觉自己就好像走进了仙境的爱丽丝。还记得阿兰·德波顿描写过一个家伙，他把自己当做一个煎蛋，始终不敢坐在椅子上，后来有个朋友出了个招，在椅子上放了块面包。如此，他始终肯把自己像三明治一样放在椅子上了。

萨克斯将神经病学的理论和案例深入浅出地写进书里，既轻盈又沉厚。本来，神经病患，在普通人看来是一类与自己很少发生关联的遥远而陌生的群体。萨克斯以客观平等的态度看待他们，与他们交流，在书中展现了他们的心灵世界。那是另外一个伟大而奇异的境界。每一个患者，其实都有自己独特的、值得尊重的人格世界，有着我们未必能够达到的宁静和辽远，甚至是通透。

每一本萨克斯医生的书都可当做非常精彩的医学传奇集。《错把妻子当帽子》展现了24个脑神经失序的患者，这本书大多数讲述的是“白痴天才（或称白痴学者）”的事迹。这些故事以前所未有的高度告诉我们，“病”这种东西，未必是生命中不可承受之重。缺陷、不适与疾病，会产生出另一些发展、进化与生命的形态，激发出我们远不能预料的创造力。普通读者能通过阅读这些故事感受到人类心智活动的繁复和奇妙，更能以新的眼光重新发现日常与人生。《火星上的人类学家》描写的则是另一种“变形记”。书名同题文写的则是一位自闭症患者、杰出的动物行为科学家坦普·葛兰汀。一方面，她有韧性、真诚、坦率、非常敏锐，然而，另一方面，由于病症带来的情感缺陷，使得她在感知情绪时会有障碍，在社交中常感困惑。文中也提到阿斯伯格综合征——因为一部动画电影《玛丽与麦克斯》而让影迷们熟知的病症。阿斯伯格综合征和自闭症的关系，学界尚不是很清楚，两者有类似的症状，例如人际交往障碍、刻板、重复的兴趣、自我中心、然而阿斯伯格综合征患者不易被发现，他们在外在表现上很难与正常人区分开。影片中的麦克斯就是一个 44 岁的肥胖古怪的阿斯伯格综合征患者，不擅长交际却又渴望温情。我们自认为是正常的地球人，将这些病人视为“火星人”，其实我们又何尝不被他们当做是“外星人”呢？又何尝不处处表现出怪异的举动呢？这正是萨克斯想告诉读者的。

萨克斯的“小说”谈的不仅仅是猎奇的故事，他探讨的是人性的无限可能性，人与人之间微妙的超越我们现有认知的关系，他希望“火星人”与地球人相互了解，相互表达。这正是萨克斯的文字的珍贵之处，也是中信出版社这套书的珍贵之处。

姬十三（神经生物学博士，果壳网创始人）

推荐序2

*　　　　　　*　　　　　　*

20 世纪人类上天入地。人类到太空行走并登上月球；携带人类信息的飞船飞出太阳系和银河系并正飞向宇宙深处；“蛟龙号”潜入最深的海底……毫无疑问，这一切都是人类思维和认知的结果。但如果要问，人类是如何进行思维和认知的，或者说，人类的大脑是如何对信息进行加工，并指导我们的行为？这个问题可比上天入地要复杂得多！对这个问题的追究，在 20 世纪 70 年代中期，诞生了一门全新的学科——认知科学。

认知科学是探索和研究认知现象和规律的交叉综合学科，由神经科学、心理学、语言学、哲学、计算机科学和人类学构成，其科学目标是探索并最终揭开人类心智的奥秘。

英国出生的美国神经科学家、科普作家奥利弗·萨克斯的一系列与神经科学有关的科普读物、游记、回忆录式的非虚构作品，以及有自传性质的著作，包括奥利弗·萨克斯这套由中信出版社出版的“探索者”系列丛书，其实也是引人入胜的认知科学读物，因为他所讲的故事，都是与神经认知和心理认知有关的经典案例。

与大多数的科普作品一样，萨克斯讲故事有一个很大的特点，就是只负责记录和描述现象和事件，提出问题，但不提供问题的解决方案：作为一位科学大师和聪明的科普作家，他更愿意把思考的空间留给读者。

每一本萨克斯的书都是非常精彩的认知神经科学经典读物。例如，《错把妻子当帽子》一书的第一章，讲述了一位音乐家和歌唱家皮博士的故事。皮博士大脑视觉区长了一个肿瘤，导致他有视觉功能缺陷，他分辨脸孔、景物的能力严重受损，只是辨别事物架构的能力依然存在，当他起身寻找帽子时，伸出手抓住妻子的头，把她的头拿起来戴上。他把自己的妻子当成了帽子！他还会轻拍消防栓或站牌的顶部，把它们当成小孩子的头，在家里他会亲切地跟家具上的雕花把手聊天。当萨克斯对患者进行测试时，他连日常生活中非常熟悉的手套也不认识，但却能够识别出那是用来装东西的“五个小袋子”。他无时无刻不在唱歌、吃饭、穿衣、洗澡，每件事都化成了歌曲。若不能把每件事变成歌曲，他就做不了任何事。

很多读者恐怕难以理解皮博士的故事，而多半只会把他当成一个行为怪异的病人。但如果你稍微懂得一点神经科学和认知科学的知识，你就会知道，皮博士其实是一个右脑受到损伤而左脑仍然正常的病人。他能够正常辨别物体的形态并进行逻辑判断——这是左脑的功能；但却不能将这些事物与日常生活的经验联系起来——这是右脑的功能。他为何做每件事都要唱歌？因为音乐和歌唱能够启动他的右脑功能，这样他的受损伤的右脑认知能力会得到某种激活！

虽然萨克斯想把更多的思考空间留给读者，但并不是所有的问题都会有答案。例如，在《火星上的人类学家》一书中，作者讲述了一位彻底成为色盲的画家艾先生的故事。艾先生由于遭遇车祸而受到脑损伤，此后便出现种种怪异的行为。他无法辨认字母和颜色，变成了完全的色盲！对一位画家来说，没有比失去颜色认知能力更悲惨的了！令人奇怪的是，这位画家对黑白二色和各种灰度的知觉能力却得到异常的加强！艾先生说，他现在发现自己处在一个多变的世界，一个光明与黑暗随着照明亮度波长变动的世界，这和他过去所知的彩色世界形成强烈对比，因为原来的世界比较稳定，也比较持久不变，而他现在的世界却是变化不居的。

这一切以传统的色彩理论来解释的话，是非常困难的。按照牛顿的观念，波长与色彩之间的关系固定不变，从视网膜传送波长信息到大脑的方式为细胞对细胞，而且这使信息更直接地转换成颜色。但如果将神经方面的现象模拟为光线透过三棱镜的分解与重新组合，根本无法解释真实生活中视觉的错综复杂性。

这些研究也许会改变自牛顿以来，物理学家和哲学家关于色彩是客观存在的看法。也许色彩的认知只是人们的大脑和神经系统主观加工的结果。

萨克斯不仅是一位科学大师，同时也是一位会讲故事的科普作家。萨克斯的案例通过奇闻异事讲出来，生动有趣。即使是一般的科学爱好者和普通读者，也可以读懂这些书，正如我们能够读懂科学大师霍金介绍相对论的科普作品《时间简史》一样。本书所提供的大量丰富生动的案例，则是神经科学、心理学和认知科学研究的重要素材。

20 世纪人类上天入地，遨游太空。21 世纪人类回到自身，探索自己肩上这几磅重的“宇宙中最复杂的也最不可思议的物体”——人类的大脑。这是一个新的时代，让我们来参与其中吧！

蔡曙山（清华大学心理学系教授，心理学与认知科学研究中心主任）

*　　　*　　　*　　　自序

“心”天方夜谭的创造与源起

“一本书最后完成的部分，”帕斯卡尔（Blaise Pascal）认为，“其实是作者应该放到篇首的。”所以，写了这些奇怪的故事，搜集、整理完毕，也选定篇名和两段引言，现在是我检验成果，也是检视自己动机的时候了。

引言中的一语双关，以及它们之间的对照，事实上，也就是麦肯齐所描述的医生和自然学家之间的不同，正符合了我本身的某种双重性：我觉得自己既是自然主义者，也是个医生，对疾病与对人同样感兴趣；或许，我也是个理论家兼剧作家，尽管不甚称职。科学的事物与浪漫的事物同样吸引我，我也不断地在人们身上看到这两种特质。在疾病中，依然看到人之所以为人的精髓所在。动物会染患疾病，但唯有人才会身陷病态之中。

我的工作，我的生活，都是与生病的人为伍，然而，患者和他们的病情，促使我去思考。若非在这种环境当中，我可能不会想得这么深刻。见到这么多的疾病，让我不得不提出与尼采同样的问题："谈到疾病，我们几乎都曾偷偷地问自己，没有疾病，我们还活得下去吗？" 我也被迫将疾病所引发的问题，视为自然中的基本原理。我的病人不断促使我去问问题，而我的问题，也常常将我带到病人那里。所以，接下来的故事和研究，是一个接着一个的进行式。

探究病人背后的故事

研究是必要的，为什么还要讲故事、谈病例呢？希波克拉底（Hippocrates）提出了病史的观念，认为疾病从发病到症状最厉害或最危险的阶段，到恢复健康或不幸致命，这中间是一个完整的过程。他因此引入了病历，也就是对于疾病自然发展过程的描述或呈现。"病理"（Pathography，译注：字源有途径、过程的涵义）一字当初的意义，恰如其分地表达了这个观念。病史也是自然历史的一种形式，但它告诉我们的不是一个人和他的经历。病史毫不涉及患者本身，从中我们看不到这个人面对疾病的奋斗、求生经验。

在狭隘的病历中，并无主体；现代的病史，提到患者时，只是一笔带过，例如，"第 21 对染色体白化病女性"。但简单的一句话，既可以用在人身上，也可以拿来形容老鼠。要恢复以人作为中心主体——承受痛苦、折磨，与疾病抗争的那个人，我们必须加深病历的深度，使其成为一篇叙事或故事。只有这样，我们才能既看到“病人”又看到“病症”，看到一个真实的人、一名病患与疾病的关系，以及与肉体的关系。

高层次的神经学和心理学，与患者的本质密切相关，因为患者的个人特性融入这类疾病之中，所以研究疾病与研究本人是分不开的。看待这类疾病，以及如何呈现它们、研究它们，的确需要新的学问，我们或可称之为“自我身份的神经学”，因为它所要面对的是自我身份的神经基础，是脑与心智最古老的问题。

或许，在生理和心理之间，基于某些需要，必须有界限、加以分门别类；但是研究和故事却自然而然关系到两方面，而且无法加以切割，也就是这一点让我深为着迷，也是我整本书所要呈现的。透过故事可以拉近两者的距离，引领我们走向机械与生命交汇之点，让我们看到生理的历程对人一生的影响。

具有丰富人文色彩的医学故事传统，在 19 世纪到达高峰，接着就衰退了，逐渐兴起的是无个人性色彩的神经学。卢瑞亚写道：“常见于 19 世纪，神经学家与精神学家所拥有的叙述能力，如今几乎荡然无存。必须加以重振。”他最后的一些著作，例如《记忆大师的心灵》(*The Mind of a Mnemonist*)、《破碎的人》(*The Man with a Shattered World*)，都试图回复这个失去的传统。

因此，本书中的个案病史，也力图回归古老的传统：回到卢瑞亚所言的 19 世纪传统，回到第一位医疗史家希波克拉底的传统；也是回归普世和史前的传统：当时病人总是把他们的故事告诉医生。

带有传奇色彩的生命旅程

古老的传说总是有英雄、受害者、暴君、战士等固定的人物。神经科的病人可以囊括所有的角色，在本书所说的奇异故事中，他们扮演的角色还更多。我们如何以这些神秘或比喻的名词来区分“迷航水手”，或者书中其他奇怪的人物？我们或许可说他们是迷思的旅行者，到了一个若没有生病就无法了解、无法想象的地方。

这是为什么他们的生命和旅程，让我感觉带着传奇色彩，也是我之所以用奥斯勒（William Osler）的《天方夜谭》（*Arabian Nights*）的意象来当引言，而且为何必须一边谈病例，一边说故事。科学和浪漫，在这方领域彼此贴近，卢瑞亚喜欢说这是“浪漫的科学”。两者在事实与传说的交汇中结合，也点出了本书中每个患者的生命特质。

然而，多么特别的事实！多么奇异的传说！我们拿什么来跟它们相比？可能现今世上还没有任何模式、隐喻或神话足以形容它们。或许时间久了，会有新的意象、新的神话出现。

本书中有 8 篇文章曾经发表过：《迷航水手》、《天生我手必有用》、《数字天才宝一对》、《自闭画家的心路历程》刊登在《纽约时报书评》（*New York Review of Books*）。《鬼灵精怪的小雷》、《错把妻子当帽子》、《回荡脑中的儿时记忆》登载于《伦敦书评》（*London Review of Books*），其中最后一篇的简写版，当时的篇名是《音乐耳》。《麦格雷戈的平准眼镜》刊登在《科学》（*The Science*）杂志。我很早期对一个患者的描述，可以在本书《63 岁的“不良少女”》中找到［最早是以《左旋多巴引发之不可抑遏的乡愁》之名，刊登在 1970 年春季号的《柳叶刀》(*Lancet*)季刊]。关于四个《"割"剧幻影》的故事，前两个曾出现在《英国医学期刊》(*British Medical Journal*)的"诊所轶闻"中。两篇短篇故事《被一条怪腿纠缠的男子》和《希尔德嘉德的异象》则分别出自已出版的《单脚站立》(*A Leg to Stand on*)与《偏头痛》(*Migraine*)里。其余12篇不曾出版过，皆完成于1984年的秋冬。

谢谢所有帮助过我的人

我要特别向本书的编辑致上谢意：首先是《纽约时报书评》的西尔维(Robert Silver)和《伦敦书评》的维尔摩斯(Mary-Kay Wilmers)；还要感谢纽约高峰出版社(Summit Books)的希尔贝曼(Jim Silberman)，以及伦敦达科沃斯出版社(Duck Worth)的海克拉夫(Colin Haycraft)，他们为这本书下了许多润饰的工夫。

在我的神经科的同事中，我要特别感谢马丁医生(Dr. James Purdon Martin)，我让他看了"克里斯蒂娜"和"麦格雷戈"的两卷录像带，并且与他就《灵魂与躯体分家了》和《麦格雷戈的平准眼镜》两篇文章做了完整的讨论。

感谢克雷默医生(Dr. Michael Kremer)，他是我过去在伦敦的上司，他为《单脚站立》一书提供了非常类似的例子，收录在《被一条怪腿纠缠的男子》一文中。

感谢麦克雷医生(Dr. Donald Macrae)，他那个视觉辨识失能的精彩例子，与我自己的病例相映成趣，他是在我文章写成两年之后，无意间发现了这个病例。我在《错把妻子当帽子》的后记里，引用了他的发现。

我也要向我在纽约的好友兼同事罗萍（Dr. Isabelle Rapin）致谢，她与我一起讨论了许多病例，介绍我认识了克里斯蒂娜（那位“灵魂与躯体分家了”的女子），罗萍也与自闭画家荷西（José）相识多年，从他小时候就认识了。

我更要对患者的慷慨与无私的协助（某些例子由患者的亲人提供），对本书的贡献致意。他们知道自己虽然无法直接受益，却仍允许我，甚至鼓励我写下他们的生命故事，希望别人从中有所学习和了解，或许有一天有能力对症治疗。就像《觉醒》（*Awakenings*）一书一样，本书中的名字和场景细节都经过修改，这是为了保护病人的隐私和专业上的保密需要，但我的目标在于保留这些人生命的基本“感觉”。

最后，我要向我的指导老师献上感谢，比感谢还多的感谢，将本书献给我的老师。

*

*

第一部　不足：失去左脑会怎样

*

整个神经学与脑神经心理学的发展史，
可以说就是左脑半球的研究史。
忽略右脑或一般称为“次要”脑半球的原因，
是因为要指出左脑各个部位损伤所带来的影响较容易，
而属于右脑的病症，却不是那么明显。
一般人通常草率地认定右脑比左脑“原始”，
而左脑被认为是人类演化下的独特成果。

*

*

导 言

具有传奇故事性的科学

神经学最喜欢的字眼就是“不足”，包含神经功能上的损伤或者失去能力的状况：失去说话能力、失去语言、失去记忆、失去视觉、失去四肢功能、失去自我，以及许许多多特殊功能（或机制）的丧失。这一切功能失常（又是一个常用术语）的状况，每一种都有其专有名词：失音症、失语症、失读症、失用症、失认症、失忆症、失调症，每个名词都有其特别指定的神经或精神上的功能，而病人因为生病、受伤或是发展上的欠缺，可能部分或全部失去了这些功能。

左脑比右脑高等？

对于大脑与心智关系的科学研究始于 1861 年。当时法国的科学家布鲁卡发现，语言表达发生障碍的情况，或称失语症，常常是在左脑某个特别部位受伤之后产生的。这个发现开启了大脑神经学的领域，也使得经过几十年后，人类脑部的“地图”得以绘成，并归结出各种能力，包括：语言、智力、知觉等在脑部对应的主要位置。

19 世纪末期，许多更敏锐的研究者已经清楚地看到，这样的绘图仍太过粗略，因为所有的精神活动都有其复杂的内心建构，也必定有同样复杂的生理基础。弗洛伊德（Freud）在其著作《失语症》

（*Aphasia*）中，就力持这个观点。弗洛伊德特别研究了一些与某些辨识或知觉障碍有关的案例，他统称这些病症为“认失症”。他相信，对于失语症或认失症充分的了解，将会产生一门更新、更精密的学科。

弗洛伊德所预见的脑与心的学科，到了第二次世界大战时期的俄国，终于在卢瑞亚、里昂特夫（Leontev）、安诺金（Anokhin）、伯恩斯坦（Bernstein），以及其他人的通力合作之下产生，他们称之为“神经心理学”。

在卢瑞亚毕生的努力发展下，这门学科成果斐然，而且从其革命性的份量上来说，流传到西方的速度仍然慢了一点。他的研究，有系统的论述开始于一本里程碑式著作《人类的高层皮质功能》（*Higher Cortical Functions in Man*），以及另一本完全不同手法的传记（病例史）《破碎的人》。虽然这两本书本身几乎无可挑剔，但涉及右半大脑功能，仍有一整片领域是卢瑞亚未曾触及的。《人类的高层皮质功能》只讨论了左脑功能的问题；同样地，《破碎的人》书中的主角泽特斯基（Zazetsky），则是左脑半球受到巨大的损伤，右脑则完好无损。的确，整个神经学与脑神经心理学的发展史，可以说就是左脑半球的研究史。

忽略右脑或一般称为“次要”脑半球的原因，是因为要指出左脑各个部位损伤所带来的影响容易，而属于右脑的病症，却不是那么明显。一般人通常草率地认定右脑比左脑“原始”，而左脑被认为是人类演化下的独特成果。从某些方面来说是没错：左脑比较复杂而分工精细，是灵长类尤其是人脑后期发展出来的部分。但在另一方面，每个生物生存所不可或缺的认知现实的能力，却是由右脑所控制。左脑就像一部计算机被嵌入了人脑中，是用来规划、设计的；而古典的神经学，比较关心一些运作法则，对真实内容是什么并不感兴趣。因此，当某些右脑的症状出现时，专家们就摸不着头绪了。

述说右脑的故事

过去也有人想探索右脑的症状，例如19世纪90年代的安东（Anton），1928年时珀兹（Pötzl）也做过同样的尝试，但这些努力却莫名其妙地被忽略了。卢瑞亚最后的著作之一《工作的大脑》（*The Working Brain*）一书中，以篇幅不长但是举足轻重的一章，来探讨右脑的问题。他在结尾写道：

> 这些仍然未经研究的缺陷，引领我们指向一个最基本的问题——右脑在直接意识上的角色，对于这个相当重要的领域，研究却付之阙如。想要出版这类的研究，必须以特别一系列的专门文章，仔细加以分析。

卢瑞亚后来得了不治之症，在他弥留之际写了一些文章进行探讨。他无缘看到这几篇文章的出版，而且它们也不是在俄国国内出版的。他把文章寄给了英国的格雷戈里（R. L. Gregory），后来出现在格雷戈里出版的《思想的伴侣》（*Oxford Companion to the Mind*）里。

内在的困难与外在的困境加在一起，让右脑出现问题的病人想知道他们到底有什么毛病，这不只难上加难，简直就是不可能。就像巴宾斯基（Babinski）所说，他们得的是一种奇怪而特殊的“疾病失认症”[1]。即使是最具观察力的医生，想要观察这一类病人内在的情况，也是难如上青天。因为这种病跟他过去所认识的其他所有症状有着天壤之别。左脑的症状，相对比较容易想象。虽然右脑的病症跟左脑一样普遍，我们却要看过数千份探讨左脑疾病的神经与神经心理的文献，才找得到一两篇讨论右脑病症的文章。好像这一类的问题，完全不受神经学的青睐。

然而，就像卢瑞亚说的，它们却非常重要。其重要的程度，可能需要创立一门新的神经学：一门“个人化”或“传奇性”的学科。因为在此所要揭示的，是每一个个体的物质基础，也就是个人和自我。卢瑞亚认为这样一门科学，最好是以故事的形式导入，详细描述一个重度右脑障碍的人的病史，而这个病史的描述，恰可以作为《破碎的人》一书的补充与对照。在写给我的最后几封信中，他说：“发表这类病史吧，即使只是简单的素描也好。这是个神奇的领域。”我必须承认，自己也深为这类疾病所吸引，因为它们开启了一个难以想象的领域（或可能的领域），指向更开阔的神经学与心理学，全然不同于过去古板又机械性的神经学理论。

对古典神经学提出挑战

比较起来，我主要的兴趣不在于神经系统疾病，而在于一般认定较轻微的功能偏差症状对自我的影响。这一类的病症可能有多种形式，病因可能出于功能过度或功能不足，所以分开讨论似乎比较合适。不过必须在此开宗明义地指出，从来没有一种病症会永远只是功能过度或功能不足。可以说，小至器官，大至整个人，每当问题出现时，身体总是会有反应，无论以什么奇怪的方式，都是为了重拾失去的功能，或是加以替代、补充，以保有原有的功能。而医生的任务，除了要了解病人神经系统受损的状况之外，去研究、甚至影响这些人体自我修复的方式，同样是不可少的。麦肯齐就力陈这样的观点：

> 构成“疾病”或一项“新疾病”的东西究竟是什么？与自然主义者不同的是，医生所关心的，不是理论上在一般状况下都差不多的大范围的生命体，而是单一个别的对象，也就是在疾病折磨之下，仍力图恢复健康的患者。

如此的动力，如此“力图恢复健康”的力量，不管是用什么奇怪的方式表现出来，或带来什么影响，从很早以前就已经被精神医学所承认，弗洛伊德在这方面贡献良多。所以，他不把偏执妄想视为疾病的根源，而是把它视为在完全的混乱之下，重新建构世界的企图（只是不幸走偏了）。麦肯齐也写了完全相同的一段话：

> 帕金森症的病理生理学，研究的是一种“有组织的混乱”。混乱的产生，是因为原先重要的系统被破坏了，而重建的过程却建立在一个不稳定的基础上。

《觉醒》一书所谈的，正是由一个症状多重的疾病所引发的“有组织的混乱”。而本书接下来有多篇文章要探讨的，也同样是研究各样不同疾病所产生的有组织的混乱。

我个人认为，在第一部分里，最重要的案例是视觉失认症：“错把妻子当帽子”。我相信这个研究相当重要。这一类的病例，尖锐地挑战古典神经学一项最牢不可破的定理或假设，尤其是认定脑部的任何损伤，都会减低或消除“抽象或分类的能力”[戈尔德施泰因（Goldstein）的说法]，使人降格到只有情感与对具象事物认知的层次[杰克逊（Jackson）在19世纪60年代也提出同样的论点]。但从皮博士身上，我们看到的是几乎相反的状况。一个人虽然只是脑部视觉的区域出现状况，却完全失去情感、具象、个人化或对“真实事物”的感知能力，只认识抽象的、类别性的事物，表现出来的结果异常荒谬。杰克逊或戈尔德施泰因看到这种情形会有什么说法呢？我常会在想象中，要求他们诊断一下皮博士，然后问他们：“先生们，现在，你们怎么说？”

* 注释 * *

1. 即无法察觉自己身患病。——译者注

第一章　错把妻子当帽子

他伸出手，握住他妻子的头，
想要把她的头拿起来，戴到自己头上去。
很明显地，
他错把自己老婆当成一顶帽子！
而她的表情看起来，
好像早已对这样的事见怪不怪了。

皮博士是杰出的音乐家，也是颇具知名度的歌唱家。他任教于一所音乐学校，就在他和学生相处的过程中，某种怪异的现象开始出现。有时某个学生来到他面前，皮博士却认不出他是谁，说得精准一点，是无法辨认他的脸。但只要学生一开口，他却可以通过声音认出对方来。类似的小状况可谓层出不穷，让人既尴尬又困惑，也同时让人害怕，有时更成了闹剧。

因为皮博士不只愈来愈无法辨识旁人的“脸”，也会把没有生命的事物看成是“脸”。在街上走着走着，他会以一种和蔼的长者般的姿态，轻拍消防栓或停车定时器的顶部，显然，把那玩意儿当成了小孩子的头；有时，他会轻声细语地和家具上的雕花把手闲话家常，然后在发现对方没有响应后，一脸错愕。

刚开始这些奇特的错误，总是被一笑置之，皮博士自己也是这么想的。他向来不就是幽默过人，擅长讲冷笑话吗？他的音乐才能依旧精湛，也不觉得有什么不舒服；相反，他的感觉好极了。那些怪异举动虽然滑稽，但也蛮有创意的，应该不是什么严重的事情，不需要大惊小怪。

直到三年后他罹患了糖尿病，才发现事态严重。由于知道糖尿病会侵害眼睛，皮博士向眼科医生求诊，医生做了详细病史调查和视力检查后，做出结论：“你的眼睛没大碍，但大脑主管视觉的部分恐怕有问题，这方面我帮不上忙，你需要去看神经专科医生。”经由介绍，皮博士到我这里求诊。

他用耳朵“看着我”

刚见面的刹那，我可以明显看出他并无一般的痴呆症状，而是一位极有修养、魅力十足、言谈举止适切且流畅的人，还兼具了想象力与幽默感。我无法理解他为何被转诊到我这里。

不过，他的确有些奇怪的地方。他说话时面对我，感觉是向着我这边，但又有些不对劲，那种感觉我也说不上来。我突然意识到：他是以耳朵面对我，而不是用双眼。他不像一般人注视对方那样地“看着我”，而是以很奇怪的方式，双眼快速转动，从我的鼻子、右耳、转到下巴，又移到右眼，好像是留意（说研究也不为过）这些部位，却没有看到我的整张脸、脸部表情的变化、整个人。

当时我不太明白是怎么回事，只是有种说不出的怪异，他没有人与人交谈时该有的目光交汇和表情变化。他看着我，他检视我，到底是……

“出了什么问题？”我终于开口问他。

“我也不晓得，”他微笑着说，“但大家都认为我的眼睛有问题。”

“而你却不知道自己的眼睛有什么不对劲？”

“我不知道！没有特别感觉，不过我偶尔会搞错。”

我出去跟他妻子说了几句话。当我回来时，皮博士正静静地靠在窗边坐着，神情专注，不过倾听的成分好像大于观看。“川流不息的车潮，”他说，“街市的喧闹，还有远处的火车，就好像在演奏一首交响乐，你不觉得吗？你听过奥涅格（Honegger）的交响乐《太平洋234》（*Pacific 234*）吗？”

“多可爱的一个男人，”我心想，“他会有什么严重的问题呢？他会愿意让我帮他做检查吗？”

“哦，当然可以，萨克斯医生！”

以为右脚是只鞋

包括肌力、协调性、反射性、健康状况等在内的神经系统常规检查，都进行得很顺利，让我不再那么担心，他可能也觉得放心了。直到检查他的反射能力时，奇怪的事情发生了。他的左半边身体有一点不正常。我脱掉他左脚的鞋，用一把钥匙去挠他的脚底，这个动作看似无聊，却是反射试验的必要步骤；之后，我就起身去拧紧眼底镜，让他自己穿上鞋子。

出乎意料的是，过了一分钟，他竟然还没有把鞋穿好。

“需要帮忙吗？”我问。

“帮什么忙？帮谁的忙？”

“帮你穿鞋啊！”

“哎呀！”他说，“我忘了！”但又低声说了句：“鞋子？鞋子？”

他看起来有点困惑。

“你的鞋子，”我又重复了一次，“或许你该把它穿上。”

他不断地往下望，专心地找那一只鞋子，只是目光不在鞋上。最后，他的目光停在脚上：“这是我的鞋子，对不对？”

是我听错了？还是他看错了？

“我的眼睛，”他把一只手放在他的脚上，带着解释的口吻说，

“这是我的鞋，不是吗？”

“不对，那是你的脚。鞋在这儿。”

“哦！我以为那是我的脚。”

是开玩笑吗？他疯了还是瞎了？如果这是他所犯的一次“不可思议的错误”，我还真是从来没遇到过这么奇怪的事。

我赶紧帮他穿上鞋子，免得事情更复杂。皮博士自己似乎一点也不觉得困扰，他一副毫不在意的样子，甚至还挺开心的。

我再次翻阅他的检查结果，发现他的视力不错，轻易就能看见地上的大头针。不过，大头针如果放在他的左边，有时他会找不到。

只见树木不见森林

他可以“看”到东西，但他看到的是什么呢？我翻开一本《国家地理》杂志（*National Geographic Magazine*），请他描述上面的照片。

他的反应相当奇怪。他的目光会从一点跳到另一点上，就像他在看我的时候一样，总是注意些细枝末节。色彩亮丽、形状鲜明的事物，会吸引他的注意力，诱使他做出评论，但是他没有一次看到的是完整的景象。他无法看见全景，只看得到细节，这些细节就如同雷达屏幕上的小光点。他始终无法把细节与完整的图像联系起来；也就是说，他始终看不到事物的全貌。不管面对的是一片风景还是某个景象，他都没有感觉。

我让他看封面，上面是一片绵延不绝的撒哈拉沙漠。

“你看到什么了？”我问。“一条河，”他说，“和一家旅店，有阳台伸出河面，人们在阳台上享用晚餐；一支支彩色的遮阳伞，散落在各个角落。”他边看（如果说这也叫“看”的话）封面以外的地方，边胡扯些不存在的事物，好像真实照片中欠缺的东西驱使他联想出河流、阳台和彩色遮阳伞。

我当时的表情一定很惊讶，但他好像认为自己已经圆满达成任务了。他的嘴角露出了一丝笑意。同时，他也一副认定检查已经结束的样子，起身去找他的帽子。他伸出手，握住他妻子的头，想把她的头拿起来戴到头上去。很明显，他错把自己老婆当成了一顶帽子！而从她的表情来看，她好像早已对这样的事见怪不怪了。

我无法以传统神经学（或神经心理学）来说明这一切。他许多方面的功能仍相当正常，但某些功能毫无疑问地被摧毁殆尽，这真是难以理解。他怎么能错认老婆是顶帽子的同时，却还能在音乐学校里教书呢？

我得再进一步地了解、观察，看看他在自己熟悉的环境，也就是在家中是什么情况。

登门造访，一探究竟

几天后，我到皮博士家拜访他们夫妻俩。我的手提箱里放着《诗人之恋》（*Dichterliebe*）的乐谱［我知道他喜欢舒曼（Schumann）］，以及几种奇形怪状、测试认知能力的材料。皮太太把我引进一间挑高宽敞的房间，这房子令人想起颓废派盛行的柏林。一架陈旧、巨大的贝森朵夫钢琴，庄严地立在屋子中央，四周散布着乐器架、乐器、乐谱……屋内还有书、画等，但音乐才是重心。

皮博士走了进来，身躯微弯，心不在焉地伸出手，往那老爷钟的方向前进。一听到我的声音，随即修正方向，来到我面前和我握手。彼此寒暄一番，闲聊了最近的音乐会和演出。抱着碰运气的心情，我随口问他是否能唱一曲。“诗人之恋！”他发出赞叹声。“但我看不了乐谱了，你来弹好吗？”我说我试试看。在那架性能极佳的老钢琴上，我这种技巧弹起来也挺像那么一回事的。皮博士虽然上了年纪，却有着费舍·迪斯考（Fischer-Dieskau）般的醇厚歌喉；而且他的乐感极佳，对音乐有着非常高的天赋。由此可见，音乐学校继续聘用他，绝非出于怜悯。

显然，皮博士脑部的颞叶还相当正常：他有极佳的音乐皮质区；但是不知他的顶叶及枕叶，特别是那些掌管视觉的部分，出了什么问题。我的神经检查工具箱里有“柏拉图多面体”，我决定从这些开始试验。

“这是什么？”我抽出第一样东西，问他。

“当然是个立方体。”

“好，那这个是什么？”我拿出另一件东西问他。

他要求看仔细点。没一会儿功夫，他有条不紊地说：“十二面体，我看其他的就不必了……二十面体也难不倒我。”

他并没有抽象形状理解的障碍，那辨认脸孔呢？我拿出一盒扑克牌，J、Q、K，还有大小王，他都能迅速地辨识，但毕竟这些是模式化的图样，这么做无法判断他所看到的是脸孔，或者只是它们的固定样式。我决定给他看我手提箱里的一本漫画书。这次还是如出一辙，绝大部分他都说对了：丘吉尔的雪茄与特大号鼻子，只要抓到了特征，他都能辨识出脸孔。但卡通图案也是有一定的规格和样式。现在就要看看他对于呈现在眼前的真实脸孔有何反应了。

只能靠特征猜测身份

我打开电视，调成静音，并找到了早期贝蒂·戴维斯（Bette Davis）的影片。一幕感情戏正在上演。皮博士没有认出女主角，这或许是他对演员本就陌生的缘故；但令人惊讶的是，他无法说出她的脸上或她父母的脸上有何表情，虽然在那一场煽情的戏里，有热切的渴望，揉合了激情、惊喜、憎恶与愤怒的情绪，以及最后赚人热泪的氛围贯穿其中。皮博士完全看不出所以然来。他搞不清楚发生了什么事、也搞不清楚谁是谁，甚至连角色的性别也无法分辨。而他对这幕戏的评论更是和剧情相差十万八千里。

他会有这种种困难的表现，唯一的可能是因为好莱坞电影与现实生活是脱节的。这让我产生一个想法，搞不好他更善于判别真实生活的人物。屋内墙上挂着家人、同事、学生及他自己的相片，我选了一堆照片拿给他看，心中充满着未知。结果是，看电影时的笑话再次上演，这种事情在真实生活中就是个悲剧了。他没办法从任何一张照片中认出半个人，连自己的照片也同样陌生。他认出了其中一张照片是爱因斯坦，因为他抓到了爱因斯坦披头散发与胡须的特征；另外一两个人的照片，他也是用同样的方式认出来的。

“呀，保罗！”他说，那是他哥哥的照片，“他的大嘴和大门牙，化成灰我都认得！”但他是一眼就看出这个人是保罗呢？还是他基于对方的一两个特征，对其身份做出合理的猜测？把这些醒目的标记拿掉，他就又陷入云里雾里。但这不单单是认知和感知的问题，而是他的整个运作系统发生了严重的问题。那些他目光所接触到的脸孔，即使是那些亲近、亲密的脸，他都像是看到艰涩的谜题或考题一般。

他跟这些脸孔之间搭不上关系，对它们也视若无睹。没有一张脸他能认得出是你、我、他，只是将它们看成一组特征：通通都是“它”。因此，他只是做了外观上的直觉反应，而不是以人的容貌去辨识；也因而才会形成他这种没有感情、瞎子摸象式的表达方式。一张脸，对我们而言，是一个人的外在表现，可谓是“以貌取人”；但皮博士却没有这样一个“人”的概念。一言以蔽之，他看到的都“里外不是人”。

连玫瑰和手套都不认得

在去他家的路上，我绕到一家花店，买了一朵价格不菲的红色玫瑰，别在钮扣眼边。这时，我把花拿下来交给他。他接过花的样子，不像是一般人从别人手中接过一朵鲜花，倒像是从植物学家或形态学家手中拿到一份标本。

“大概六英寸长，”他如此评断，“有红色的螺旋形状，贴有一条绿色的线状物。”

我以鼓励的口吻说：“不错，那你认为它是什么东西呢，皮博士？”

“不好说，”他似乎有点为难，“它缺乏柏拉图多面体单纯的对称性，虽然它可能具有更高层次的对称形态……我想这东西应该是一朵花。”

“应该是？”我反问。

“应该是！”他语气坚定。

“闻闻看。”我提出建议。他又是一阵错愕，好像我要求他去闻一个高层次的对称体，但他仍礼貌性地照做了，将花拿到鼻子边。此时，他突然回到了真实世界。

“真漂亮！”他脱口而出，“初开的玫瑰，多浓郁的芬芳啊！”他开始哼唱出“褪色的玫瑰，枯萎的百合……”。看来，现实的东西，不一定要依靠视觉，嗅觉也是一种渠道。

之后，我做了最后的一项试验。当时仍是早春凉意袭人的气候，进门时，我把大衣与手套都扔在了沙发上。

“这是什么？”我拿起手套问他。

“我来仔细看一看，好吗？”他从我手中把手套接过去，开始检视起来，就跟刚才检视那些几何体时一模一样。

“是一片平整的表面，”他终于开口说道，“能包住东西，它好像有……”他犹豫了一下，“有五个小袋子，如果可以这么说的话。”

“是的，”我慎重地回答他，“你已经给了我一个描述，现在可以告诉我，这是什么东西吗？”

“是某种容器?!”

“答对了，”我说，“那用来装什么呢？”

“装该装的东西！”皮博士边说边笑了出来，“有好多种可能，比如说，它可以是零钱包，装五种大小不同的硬币，也可能是……”

我打断他的话，免得他再瞎掰下去：“你不觉得它眼熟吗？你不觉得它可以装下或者说适合，你身体的某个部位吗？”

他的脸上没有显露任何豁然开朗的表情。[1]

小孩子没有能力体会，也说不出什么“连续的表面……包住东西”的话来，但是随便一个小鬼，在看到手套的时候，就会马上认出那是手套，同时会把它们和手联系在一起。皮博士却没有，他看到的东西对他而言，都是陌生的。在视觉上，他迷失在一个了无生机的抽象世界里。毋庸置疑，他因缺少视觉上的自我，也就无法把这世界逼真地呈现出来。他对事物只能略知一二，却无法面面俱到。

不再有想象的美感

杰克逊在谈到失语症和左侧半身不遂的患者时，说这些病人失去“抽象性”与“命题式”的思考能力，并将他们与狗相提并论（倒不如说，拿小狗的标准来评判他们）。从另一个角度来看，皮博士的生理运作方式与一部机器没有两样。他不仅像计算机一样：功能超强却没有天地间的视觉感受；更令人诧异的是，他思考这个世界的方式与计算机如出一辙，只凭一些关键性特征和模式化的程序。程序是可以靠着一套“辨识套路”分辨出来，即便是对现实一无所知也没关系。

即使做了这么多的试验，皮博士的内心世界对我来说仍是一片模糊，而他的视觉记忆及想象力是否仍完整呢？我要求他假想由北边进入本地的某个广场，在走过它时，想象会经过哪几栋建筑物。结果他列举出的建筑物全都在他的右边，没有一栋是在他的左边。接着我请他想象由南边进入广场，这次说的也全都在他的右边，正好就是那些先前遗漏掉的建筑物。上次那些“看”到的建筑物，此刻都没被提到。大概是被“遮蔽”了。这证明他的左边确有问题，他视觉上的缺陷是内外同体，因为他的视觉记忆和想象也正被影响着。

而他脑中对层次更高的事物的内在描绘能力又如何呢？想到托尔斯泰笔下的人物全凭他的想象力赋予生命，我就询问皮博士有关《安娜·卡列尼娜》(*Anna Karenina*)这部作品的种种。他轻而易举地说出内容，没漏掉半点故事的架构，但却完全遗漏了需要用双眼去感受的角色外表、情节变化与场景转换。他记得人物的对白，却对他们的容貌毫无印象。他可以逐字逐句近乎完美地引述剧中的对白，但他对原著的视觉描述却是一片空白，且缺乏真实的感觉、想象及情感，因此他也有内在的失认症[2]。

毫无疑问，他的缺陷只存在于几种特殊的视觉功能中。皮博士辨识脸孔及景物的能力受到相当程度的损害，可以说几乎丧失了。但认出事物架构的能力仍完好无缺，搞不好还会更强化。当我绞尽脑汁和他下棋时，他可以说是不费吹灰之力就能看清楚棋盘上棋子的移动。事实上，他三两下就把我打败了。

卢瑞亚说泽特斯基不会下棋，可是他鲜活的想象力却没受到任何损伤。泽特斯基和皮博士两人的世界，简直就像是镜子的里外，是相互映照的。但他们之间最可悲的差别是：卢瑞亚说泽特斯基“如同地狱行者般，以那不屈不挠的意志，极力弥补他失去的机能”。然而，皮博士没有任何奋斗的迹象。他并不知道自己失去了什么，也不晓得已经丧失很多功能。但到底谁更悲哀呢？谁更倒霉呢？是知情的人？还是浑然未觉的人呢？

疾病带来的礼物

检查结束后，皮太太招呼我们用餐，餐桌上摆了咖啡及一些可口的甜点，饿扁了的皮博士，口中边轻哼着旋律，边开始享用甜点。他以一种轻快、流畅、不假思索、优美的方式，将盘子拉向自己，吃了这、又吃了那，整个动作进行得如潺潺流水般富有旋律，形成了一首歌颂美味的歌，不曾停歇。

突然间，他被一阵敲在门上急促巨大的咚咚声打断。因为受到惊扰，皮博士不再吃东西，他动也不动，呆坐在那儿，脸上出现漠然、呆滞的不知所措的表情。他看着餐桌，但眼神显得非常茫然，他不再觉得那是一张摆满美食的桌子。在他妻子倒给他一杯咖啡之后，浓浓的香味摄住他的鼻子，再度把他勾回现实。就这样，他又开始了吃东西的旋律。

我想着，不知他平常的作息会是如何？穿衣服、上厕所、洗澡怎么应付？他妻子进厨房时，我跟了进去，问她皮博士如何处理日常杂务，譬如穿衣服。“就和他吃东西的情形一样”，她解释着：“我会把他常穿的衣服挑出来放在固定的位置，他通常可以轻松地唱着歌完成这些动作。他唱着歌做每一件事，但如果被打断而失去连贯性，他就会完全停住，衣服变得陌生，连对自己的身体也是这样的感觉。他无时无刻不在唱歌，吃饭，穿衣，洗澡，每件事都化成了歌曲。若不能把每件事变成歌曲，他就做不了任何事。”

交谈时，我注意到墙上的图画。

“是的，”皮太太说，“他有绘画及歌唱方面的才能，学校每年都会展出他的画作。”我好奇地逛了一圈，这些画是依照年代的顺序排列。他早期的作品自然、写实，有着鲜明的情境，且一定都有深具巧思的细节和具体的内容。接下来几年的画，则变得欠缺活泼性、写实性及那一份真实与自然，取而代之的是更多的抽象表现，偏重几何与立体的手法。到了最后这几年的作品，在画布上的呈现显得毫无意义，至少对我而言是如此，只有混乱的线条与颜料所构成的斑点。我对皮太太发表了上述的评论。

“哎呀！医生，你怎么如此庸俗！”她反驳，“难道你没看出他艺术风格的发展过程如何挣脱早期的现实主义，进展至抽象派的艺术创作吗？”

“不对，完全不是这么回事。”我自言自语（不敢对皮太太说出这些话）。他的确经历了现实主义、表现主义与抽象主义的过程，但这并非艺术家经历的艺术风格转型，而是因为疾病不断恶化造成的。是一种严重的视觉失认症，造成所有的想象与具象表达的能力、所有对具象和现实的感知能力都被破坏殆尽。墙上的画与其说是艺术，不如说是悲哀的神经病病史。

尽管如此，我仍然怀疑皮太太还是说对了一部分。冲突是常有的现象，病态和创作力常常巧妙地共存共荣，也许在他的立体派时期里，有艺术创作与病情共同发展的成分，相互影响而形成一个具原创性的形式。

既然他失去了具体想象的能力，想必在抽象的想象力上反而有所增强，进而发展出对线条、边框、轮廓等构图元素极佳的敏感度，逐渐以毕加索般的眼光看待事物，并依此描绘现实中那些看不到的抽象构图，而那具象的表现就……在稍后的那几幅画里，我们看到的恐怕只是一片混沌和一些难以辨识的意念。

陶醉在音乐围绕的世界

我们回到那间放着贝森朵夫钢琴的大厅，皮博士正轻哼着歌，品尝最后一块蛋糕。“好了，萨克斯医生，”他对我说，“想必你一定发现我这个案例很有趣。你能告诉我哪里有问题，同时给我一些建议吗？”

“我无法告诉你哪里有问题。”我回答，“但我知道哪里没有问题。你是一位了不起的音乐家，音乐是你的生命，如果要我针对你的病情开处方的话，我会说，‘充满音符的生活’是解药。在此之前，音乐是你的生活重心，此刻就让它充满你的生活吧！”

四年过去了，我再没有见过他，但我经常若有所思，皮博士莫名其妙地就失去这种想象与视觉的能力，虽仍完整保有其动人的音乐性，但他该如何去诠释这个世界。我想对他而言，音乐会取代想象力。他无法做形体的想象，却可解读肢体的音乐性，这也是为什么他的动作及行为可以这么流畅，可是一旦“内在音乐”停止后，他整个人会陷入无所适从、完全静止状态的原因。而对外界也是一样……[3]

叔本华（Schopenhauer）在《意志与表象的世界》（*The World as Representation and Will*）一书中提到，音乐是“纯意志”的表现。如果时空倒转，想必叔本华会很高兴遇到皮博士，这位全然失去表象世界的人，却让空间弥漫着音乐与意志。撇开逐渐恶化的病情不谈（在他脑中视觉区有个肿瘤或视觉区慢慢退化），该感谢上苍悲天悯人，让皮博士的这项功能自始至终都维持不变，就这样陶醉在自己的音乐世界里，并以音乐传授学生，度过他的一生。

后记

我们该如何解释皮博士这种不寻常的、无法辨识出手套的情况？很明显，即使他拥有层出不穷的认知性假设，也无法做出确定的判断。人的判断力是直觉的、个人的、广泛的、具体的。我们会“看见”东西的存在，是因为它们彼此及与自身的关系所促成。而皮博士所欠缺的，正是这种环境与相互关系（虽然在其他范畴里，他的判断依旧运转如常，而且犀利），而这种情形是否就是因为“视觉信息”的缺乏，或者视觉信息的处理不当而导致的呢（古典的结构神经学可能会做此解释）？或是皮博士某些精神状况功能不良，所以他无法道出所见之物与他自身的关联性。

这些林林总总的解释或其解释模式，并不互斥，虽然角度不同，但它们可能共存且都是正确的。古典神经学不管以直接或间接的方式，均不否认这点。麦克雷发现“缺陷结构”，即视觉运作过程与整合有缺陷，这样的解释不够充分时，便以间接的方式承认了这点。而戈尔德施泰因谈到“抽象态度”时，则直接引述了这个观点。

但所谓的抽象态度丧失，虽然也包括“分类”能力，但还是不足以说明皮博士的病情特点。或许更贴切地说，不足以说明一般性“判断力”的缺损。皮博士并没有丧失抽象态度，相反地，除了这个以外，他一无所有。就是他这种怪异的抽象态度，造成了他除了无法辨识别人的身份以外，更严重地丧失了其判断力。我们之所以说它怪异，是因为它单独存在，其他事物都对他不发生作用。

判断力让我们得以生存

令我感到好奇的是，神经学与心理学中谈到好多问题，就是鲜少谈到判断力。判断力的瓦解（像皮博士这个特殊案例，或稍普通的如有额叶综合征的病人，参见第十二、十三章）是造成许多神经心理失调的基本因素。判断力与身份辨识酿成灾祸，但神经心理学却提也不提。

然而，不管是以哲学观点 [康德（Kant）的观点] 或是经验主义和进化论的观点，判断力是我们拥有的最重要的能力。没有“抽象态度”的动物或人能发展得很好，但一旦失去判断力，就会迅速走向灭亡。判断力是高层次生命或心智的第一要件，但古典（计算性）神经学却忽视、误解它。如果我们去追溯这些荒谬事情的源头时，可在神经学本身的假设或其发展过程中找到答案。古典神经学（如同古典物理学一般），总是十分机械化，从杰克逊的机械模拟到今天使用电脑模拟皆是如此。

当然，人脑像是部机器或电脑，而古典神经学中提到的观念也都是正确的，但构成我们生命本质的“心智”，不只是抽象或是机械的运作，也具有个人色彩，它不只包含分辨、归类的能力，且无时无刻不在做判断并加诸情感。一旦丧失心智功能，便无异于计算机，皮博士就是如此。同样的道理，如果把人类的情感与判断（个人的部分）从认知学中拿掉，我们所遭遇的，就和皮博士没什么两样，我们对具体与客观事实的理解力就会减弱。

凭借这个既滑稽又可怕的类推，现今的认知神经学与认知心理学所面临的问题，和可怜的皮博士所遭遇的再相似不过了！我们需要有具体与客观的事实，就像他所需要的；我们所忽视的，也和他忽视整体的情况一样。我们的认知科学本身与皮博士同样患上某种辨识不能症。说到最后，皮博士的案例倒成了警示与活生生的例子，说明了如果某项学问避而不谈判断力（特别是属于个人方面的），而变为完全抽象与计算性的学科时，会产生什么样的后果。

我最大的遗憾就是受到环境的限制，无法更进一步追踪他的病例，无论是就观察、研究方面而言，抑或是找出病理学上确定的致病原因。

所有的医生都害怕碰到“绝无仅有”的病例，尤其是像皮博士这一类罕见的病症。因此，当我凭着运气，在1956年《脑》（*Brain*）这本期刊上，找到了一篇有着类似荒诞故事的病例时，觉得兴趣盎然、欣喜不已，当然也松了一口气。这两个病例相似（事实上该是相同）之处是就神经心理与现象方面而言；然而，基本的病因（头部重创）和个人环境背景则迥然不同。作者说到此一病例时，把它当成

“有文字记载以来首见的案例”。显然他们也和我一样，对自己的发现惊奇不已。

另一个把妻子当帽子的人

在此，我引用该篇文章内容做些扼要的补充说明，有兴趣的读者可直接参阅麦克雷和特罗雷 1956 年的最初报告。

这名患者是个 32 岁的年轻人，经历过一次严重的车祸，有三个星期不省人事，“……他自怨自艾失去了辨识脸孔的能力，包括他妻儿的脸在内。”每一张脸都让他感到陌生，但他可以认出三张脸；他们都是他的工作伙伴：一位是一只眼睛常眨呀眨的，另一位脸颊有颗黑痣，第三位则是因为“他又高又瘦，没有一个人像他一样”。

麦克雷和特罗雷还详细提到，这个年轻人甚至连镜中的自己都不认识：在康复阶段初期，他常常会怀疑那张瞪着他看的脸孔是否就是自己，尤其是刮胡子时，虽然他也明了那不可能是别人的模样。有好几次他扮鬼脸、伸舌头，说是想“确认一下”。在镜子里他小心地研究自己的脸，才能慢慢想起来，不能再像过去只需匆匆一瞥，他得靠头发、脸部的轮廓和左脸颊的两颗小黑痣来辨别自己。

通常他无法“第一眼”就认出东西来，但会经由一两个特征去探究、臆测，不过偶尔会错得离谱。作者提到，具有生命现象的东西，他辨识起来特别困难。麦克雷和特罗雷也提到“他对空间图形的记忆是奇特的”。他可以找到从家里到医院的路，可是却无法说出途中经过的街名（不过，与皮博士不同的是，他同时有轻微的失语症）或以视觉想象出空间图形。

对人物的视觉记忆，即使是那些车祸发生前所熟悉的人物，也相当明显地遭受到严重破坏——虽仍具备行为记忆，或记得特定的习惯行为，但他已无法认出人物的外表或脸孔。同样地，在仔细追问之下，也发现他的梦不再具有视觉影像。和皮博士一样，这个病人不只没有视觉理解力，连视觉重现最基本的要素，视觉想象力与记忆，也都完全受损，至少影响到那些与个人的、亲近熟悉的和具体有关的视觉能力。

还有一点有趣的事值得一提，皮博士误认为他老婆是一顶帽子，麦克雷的病人也不认识自己的妻子，他需要她以某个标志来指代自己，譬如“……一件显眼的衣物，比如一顶帽子”。

*　注释　*　*

1. 稍后，皮博士不经意地把它戴上，然后大呼：“天哪！这不是手套吗？”这让我想起戈尔德施泰因的病人莱努蒂。该患者只有在实际用到某件物品时才能认出那是什么东西。

2. 我常常思考海伦·凯勒（Helen Keller）的视觉描述，她生动的表达是否也是空泛的呢，还是把触觉信息转换成视觉图像？也许更不寻常的是，虽然她的眼睛从未向视觉皮质区直接传导信息，但是通过他人的口述和暗示，她获得了视觉的想象能力？皮博士的问题就出在那块视觉皮质区上，它是反映一切图形影象的必要器官。非常有趣的是，皮博士再也不会拥有如诗如画的梦境了，他的梦里不会再出现任何形象化的东西。

3. 后来，我从他的妻子那里得知：如果皮博士的学生像“雕像”一样静静地坐在那里，他谁都不认识；他们只要稍微动一下，皮博士马上就能认出来。“那是卡尔，”他大喊着，“我知道他的动作和肢体音乐。”

第二章　迷航水手

我说："我来讲一个故事。
一个男人去找他的医生，
抱怨说他有记忆消失的情形。
医生问了一些例行性的问题后，
紧接着问他：'消失的情形是怎样一回事？'
病人回答：'什么消失了？'"
"原来这就是我的问题！"吉米笑了出来，
"我发现自己时常忘掉刚才发生的事。
不过，往事却记得很清楚。"

想明了记忆在我们一生中有何等分量，请让你的记忆流失，即使只是零碎的片段也可以。失去记忆的生活不像是生活了。记忆让我们思想连贯、明白事理、产生情感，也是我们行动的原动力。没有它，我们将一无所有（我只能坐以待毙，看着它把一辈子的生活化为乌有，就如我母亲所经历的一般）。

布努艾尔[1]（Bunnel）这段动人且骇人的文摘，出自布努艾尔的回忆录。他的话使人联想到几个兼具临床、实用、生命存在与哲学意味的基本命题：怎样的生活（如果有的话）、怎样的世界、怎样的自我，是一个丧失了大半记忆、不再有过去、生命找不到定位的人仍然拥有的？

这马上使我联想到我的一位病人，他就是这些问题活生生的例证：爽朗、聪明却无记忆能力的吉米·格林。在 1975 年年初，他来到我们位于纽约附近的“老人之家”[2]。他的转院纪录上隐晦地写着：“不能自理、精神错乱、思考杂乱、没有方向感。”

浑然不觉岁月的流逝

吉米长得很帅，有着一头灰色卷发，当时他 49 岁，健康而英俊，看起来神情快活、友善而热情。

“嗨！医生！”他说，“早安！我坐这张椅子吗？”他显得神采奕奕，兴致勃勃地要跟我谈话、回答我的任何问题。他报上姓名、出生日期，以及他在康涅狄格州出生地的小镇名，他满怀情感地做了详尽的叙述，甚至还画了张地图。他提起他家人曾经住过的房子——连电话号码都记得一清二楚，也聊到学校与校园生活，一些交往过的朋友和特别钟情的数学与科学。

他滔滔不绝地谈起当海军的日子。他 1943 年入伍，当时 17 岁，才刚高中毕业。他也谈到自己对工程学科相当有天分，搞起无线电和电子易如反掌，后来经过在得克萨斯州一个速成班的受训，他成了潜艇上的助理无线电报务员。他能说出每艘曾服役过的潜艇的名字、任务性质、驻扎港及舰上同事的名字，他还记得摩尔斯电码，可以用摩尔斯电码流畅地发报，以及不看键盘而快速打字。

这是一段充实、有趣的生活，活灵活现，言谈间充满了感性。不过，他的回忆到了某个阶段就不明所以地停止了。他开始回想起战争、服役、战后的日子及当时对未来的憧憬。他热爱海军这个职业，也曾想要继续服役。但考虑到兵役法的限制，以及当时有一些资助，他认为上大学或许会有更多的发展空间。他的哥哥当时就读于一所会计学校，并和一位来自俄勒冈州的漂亮女孩有婚约。

回忆往事，吉米得以重温旧梦，整个人显得神采飞扬。他听起来不像是在回想往事，倒像是在述说着此时此刻发生的一切，而让我最诧异的是，他在回忆从学校进海军的那一段时光所用的时态变化。他一直使用过去时态，但讲到这一段时，却转成了现在时态。我觉得他并非像小说里那样会在回忆中使用现在时态，而是真的在描述一些现在发生的事。

一个不可思议、没有理由的念头晃过我脑中。

“现在是哪一年，格林先生？”我用漫不经心的态度问他，以掩饰我心中的疑惑。“1945 年呀，医生，你猜怎么了？”他继续说，“我们打赢了这场战争，罗斯福总统去世了，换杜鲁门总统执政，前景一片看好。”

“你呢，吉米，你现在几岁了？”

他的表情怪异，不是很确定，犹豫了好一阵子，像在算日期。“有什么不对吗？我想我 19 岁了，医生，过完生日就 20 岁了。”看着眼前这位灰发男人，我产生了一个至今仍无法原谅自己的冲动念头，如果吉米记得那件事，那应该是残忍至极的。“这儿，”我说着，把镜子摆到他面前，“看看镜子，告诉我，你见到什么，镜中可有个 19 岁的年轻人？”

顷刻间，他脸色发白，双手紧握椅子的把手，他喃喃自语：“我的天，发生什么事了？我怎么会是这副德性？是恶梦一场？还是我疯了？这是玩笑吧？”他激动得近乎疯狂。

“放心，吉米，没事，”我安抚他的情绪，“这只是个误会，没什么好担心的。嘿！”我带他到窗边，“多迷人的春天，有没有看见在那里玩棒球的孩子？”他脸上又出现光彩，也露出笑意，我悄悄地带着那面可恶的镜子走开了。

同样的戏码再度上演

两分钟后，我又回到那个房间里，吉米仍然站在窗边，愉快地凝视楼下那群玩球的孩子。在我开门的同时，他转过身，显露出快乐的表情。

“嗨！医生！”他说，“早安！你有问题要问我，我坐这张椅子可以吗？”真诚坦白的脸上，丝毫看不出他对我们才刚刚见过面有印象。

“我们没见过面吗，格林先生？”我谨慎地问他。

“是的，我不记得曾与你照过面，你脸上那么多胡子，要忘记是很难的，医生！”

“为何叫我‘医生’呢？”

“因为你是医生，不是吗？”

“但如果你不曾见过我，为什么知道我的职业？”

“你说话的样子就像是医生，我看得出你就是医生。”

“没错，你说对了，我是这里的神经科医生。”

“神经科医生？嘿，难道我的神经系统发生毛病？而‘这里’，‘这里’又是哪里？这到底是什么地方？”

“我刚正想请问你，你认为你在哪儿呢？”

“我看这里到处是床，到处是病人，应该是医院吧，但天啊！我在医院做什么？干吗和这些年纪比我大的老人在一块？我觉得我的精神很好，壮得像头牛。是不是我在这上班？

我有工作吗？我做什么的？哦哦，你在摇头，你的眼神说不是，假如说我不是这里的员工，却被放在这个地方，难道我是病人，病得搞不清楚状况，是不是，医生？这简直太疯狂了，太吓人了，是不是有人在开玩笑？”

“你不知道怎么回事吗？真的不知道吗？记得你曾经告诉我，在康涅狄格成长的童年往事、在一艘潜艇当无线报务员助理的事吗？还有你哥哥是怎么和一位俄勒冈女孩订婚的？”

“嘿，你说得没错，但我没跟你讲过这些，也从未见过你，你一定是读过我的病历。”

“好吧，”我说，“我来讲一个故事。一个男人去找他的医生，抱怨说他有记忆消失的情形。医生问了一些例行性的问题后，紧接着问他：‘消失的情形是怎样一回事？’病人回答：‘什么消失了？’”

“原来这就是我的问题！”吉米笑了出来，“我发现自己时常忘掉刚才发生的事。不过，往事却记得很清楚。”

“你愿意接受我的检查，进行几项测验吗？”

“当然，”他以配合的口吻说，“悉听尊便。”

转眼就忘得一干二净

智力测验显示他颇有天赋。头脑机灵，观察敏锐，逻辑清晰，且可轻易解答复杂的问题和谜题。在紧凑的问答过程中，他显得游刃有余；如果是耗时的问题，他可能会中途忘记自己在干什么。他善于下三子棋与跳棋，下棋工夫可谓快、准、狠，三两下就把我干掉了；但下国际象棋时则不灵光，因为每步棋他都需要很长时间。

深入探究他的记忆时，我发现他的短暂记忆出现严重又很不寻常的流失，不论是刚说过的话或才看过的事物，他总在几秒钟之内就忘得一干二净。举例而言，我将我的手表、领带、眼镜放到桌上让他记，然后盖住它们。闲聊一分钟之后，再问他我盖住了哪些东西，没有一样他讲得出来！更贴切地说，他根本忘了我要他把东西记下来。我又重复这项试验，请他写下那三样东西的名称。结果，他又把它们给忘了，当我拿他写的那张纸条给他看时，他惊讶不已，表示不记得自己写过什么。然而，他承认那是他的笔迹，然后才依稀想起自己曾写过那些字。

有时他会有模模糊糊的记忆，某些微弱的记忆信息，或似曾相识的感觉。比如我和他玩了五分钟的棋后，他会想起“某位医生”曾和他在“一会儿前”下过棋，而所谓的“一会儿前”，到底是几分钟前还是几个月前，他就没什么概念了。停了一下子，他又会接着说：“好像就是你嘛！”在我承认的时候，他似乎觉得很开心。

这种说不清的开心与不在乎的态度相当独特，就好像他因为没有方向、迷失在时空里，而遁入一番深思之中一样。当我问他现在是什么季节，他会立刻四处张望寻找线索。我悄悄地移走桌上的日历，他就透过窗外的景象，粗略地推敲出现在应该是哪一个季节。

显然他并非无法记忆，只是记忆的轨迹极易消失；在一分钟内，甚至更短的时间，就消逝得无影无踪，特别是在注意力分散或有其他的刺激干扰的时候，忘得更快。不过，他仍保有智力与感知能力，而且非常出色。

依旧活在 40 年代

吉米的科学知识大约等同于一位聪明、又着迷于科学和数学的高中毕业生程度。

他对算术（高数也一样）运算相当在行，不过先决条件是，这些算术运算是可以凭闪电般的速度算出答案的。如果含有多重的运算步骤，时间一耽搁，他就会忘记解到哪儿了，甚至连题目也忘了。

他清楚化学元素和其相互间的关系，能画出周期表，却忘记原子序中铀之后的元素。

“都画全了吗？”在他完成周期表后，我问他。

“完整啦，先生，这是我所知道的最新元素周期表。”

“难道你不知道铀之后还有元素吗？”

“你在开玩笑吧？周期表明明只有 92 个元素，铀排在最后一个。”

我踌躇着翻动桌上的《国家地理》杂志。“给我讲讲行星的事，”我说，“讲一些跟它们有关的资料。”他毫不迟疑、自信满满地告诉我一些有关行星的事。包括它们的名字、已有的发现、与太阳的距离、大约的质量、特性和引力。

“这是什么？”我拿着杂志指着一张照片问他。

“月球。”他回答我。

“不是，它不是月球，”我回答说，“那是从月球上拍摄到的地球。”

“医生，你的玩笑开大了！那一定得有人在月球上拿着一台照相机！”

“没错。”

“吹牛不上税！别闹了——谁上得了月球？”

除非他是个卓绝的演员，否则那副惊讶的表情一点也不像是装出来的；而这一幕更毋庸置疑地显示出，他仍活在过去。他的言谈、他的心境，他那天真的好奇心，以及想弄懂眼前事物的努力，显露出他根本就是一位头脑灵活、活在40年代的年轻人，正面对着还没有发生、令他匪夷所思的一些事情。

“这一点最让我确定，”我在笔记上写着，“他的记忆的确在1945年左右就中断了。他在看过我让他看的照片、听了我告诉他的事情后，随后显现出一副瞠目结舌的模样，活脱脱就是一个活在第一颗人造卫星‘斯普特尼’[3]（Sputnik）发射之前那个年代的聪明小伙子。”

我在杂志里发现另一张相片，便顺手推给他看。

“这是一艘航空母舰，”他说，“相当新式的设计，像这造型我还未见过。”

“它的名字是什么？”我问。他瞪着照片往下看，满脸狐疑地说出“尼米兹号”。

“有什么不对？”

“见鬼了！”他好激动，“所有航母的名字我都熟，但尼米兹？没听过。当然啦，是有位尼米兹上将，但没听说曾以他的名字来命名航母。”

他气得扔掉了手中的杂志。

被禁锢的灵魂

面对接二连三反常又矛盾的事件所造成的压力，及其背后可怕的暗示，他开始露出倦容与些许的暴躁和焦虑。在不经意间，我已使他变成惊弓之鸟，该是告一段落的时侯了。

我再度带他到窗边，阳光普照的棒球场映入眼帘。看着看着，舒缓的表情泛在他的脸上。尼米兹、卫星照片及那些谈话所触发的可怕事实与暗示已抛诸脑后，他的心思此刻已被楼下的球赛所占据。接着，餐厅飘来阵阵诱人的香味，他舔舔嘴唇、露出垂涎三尺的表情，说了一句："吃午餐了！"就这样脸上挂着微笑，径自走开。

此刻的我思绪纠结不清。想到他的一生将这样混混沌沌地耗尽，就令我痛心，觉得荒谬绝伦、百感交集。

"可以说，他是，"我在笔记上写着，"被孤独地禁锢在一段生命时空中，遗忘的濠沟阻隔在周围。他既无过去也无未来，却卡在不断变幻但又毫无意义的瞬息之间，动弹不得。"接着我写的都是些例行的内容："其余的神经系统检查项目都完全正常。我认为，可能是科萨科夫综合征（Korsakov's Syndrome），造成原因是，脑间的两个乳头状体受酒精的过度刺激而导致退化。"

我的笔记可以说是混杂了事实与观察。在小心记录与分类之间，充满着压抑不住的思潮，想着即使这样的病症得以确定，对这位可怜人的身份、定位与身处何处等相关问题，究竟有何意义？像这样一个记忆全然不存在，或记忆完全留存不住的人，还能称他是"存在"的吗？

记着笔记的同时，我的思绪一直很不科学地萦绕在"失落的灵魂"之中。我在想，一个没有根，或者根植于遥远过去的人，该如何去建立他生命的连贯性、他的根呢？

"他需要的是记忆的连接"，但他该如何去连接它们，而我们要如何帮他呢？无法连贯的生活会是怎么一回事？"我敢断言，"休谟[4]（Hume）曾写道，"我们只不过是一连串不同类型知觉的组合。知觉以令人无法想象的速度，生生不灭地在流通运作。”从某些观点而言，吉米已被降为一个“休谟式”的人，我不禁想到，如果休谟在吉米身上见到他自己哲理的“幻化”，看到个人可怕地化约成只剩下支离破碎、变幻莫测的意识，将会感到多么着迷啊。

关键的 1945 年

也许我可以从医学文献中找到一点建议或帮助，那是一篇大部分用俄文撰写的文献资料，内容有科萨科夫（Korsakov）针对此类记忆丧失病例所撰写的原始论文（莫斯科，1887 年出版），这些病例至今仍被称为“科萨科夫综合征”；另外，就是卢瑞亚的《记忆的神经心理学》（*Neuropsychology of Memory*）（此书在我遇见吉米一年后才出现翻译本）。科萨科夫在 1887 年写道：

> 唯独受到影响的，几乎只是短期记忆。对时间较近事物的印象很明显地最快消失，但很早以前的印象却可适度地回忆起来，而病人的才能、机智的反应、丰富的想象力，大部分也毫发未损。

科萨科夫的研究成果令人振奋，也留下不少待发掘的问题。一个世纪以来，许多人做了更进一步的研究，而至今为止研究最丰富且深入的，当属卢瑞亚。卢瑞亚把科学变成了诗一样的语言，呼喊出哀愁：“病人已经全然失去能力，不再能把事情的前因后果进行排列，”他写道，“最后，他们完全失去时间感，活在一个封闭的记忆片段里。”卢瑞亚也进一步记述说，印象被连根拔除（和杂乱无章）的现象，可能会往前蔓延，“最严重的一些病例，甚至影响到相当久远的记忆。”

在本书中所谈及的卢瑞亚的病人，大部分均患有严重的大面积脑瘤，这些脑瘤会产生如同科萨科夫综合征的症状，但在稍后会扩散开来，伴有生命危险。卢瑞亚的病例并不是单纯的科萨科夫综合征。根据科萨科夫的描述，此症由酒精造成，使细小但具有重要地位的两个乳头状小体处的神经细胞遭到破坏，而脑的其余部分依旧保存正常功能。因此，卢瑞亚对病例均无长期的追踪观察报告。

一开始时，我百思不解、半信半疑，甚至认为蹊跷诡异，时空怎么就那样刚好停留在 1945 年。一个点、一个日子为何就那样如此具有象征意义般的鲜明。我在随后的笔记中写道：

> 他有一大段空白的日子，我们不知道当时，或是往后的日子，他曾经历过哪些事。我们必须拼凑出他“遗落”的日子——从他的哥哥、海军或他曾住过的医院着手。会不会在当时，他承受过一些极大的精神创伤。参加战争而产生的巨大脑部或感情的精神刺激，就这样一直影响他直到今天？战争会不会是他最后一段真正活着的“辉煌时刻”[5]？

都是酗酒惹的祸

我们对他做了好几项检验（比如脑波断层扫描），但没有迹象显示脑部有大面积的损伤，当然，这类检验并无法验出那一对乳头状体的萎缩情形。海军送来的报告指出，吉米待到 1965 年才退役，而服役期间表现非常出色。

接着我们翻出一份内容简略且脏兮兮的报告，它来自贝尔维医院，记载日期是1971年，由此得知他“完全失去辨别能力，受到酒精的过度刺激引发严重的脑部综合征（肝硬化就是这个时候引起的）”。他从贝尔维医院转送到乡间一处环境恶劣的地方，名叫“看护之家”，直到1975年。当时那里条件极差，缺衣少食，被我们的“老人之家”给拯救出来。

我们联络上吉米的哥哥，就是那位他宣称就读会计学校并与一位俄勒冈女孩有婚约的哥哥。事实上，吉米的哥哥早就与来自俄勒冈的女孩结婚，还当了父亲与爷爷，也做了30年的执业会计师。

我们收到一封言词谦恭但客套简略的信，原本我们期待这封信能带来他哥哥丰富的信息与感受。读过这封信可以很清楚地看出兄弟俩在1943年以后就分道扬镳，几乎没再碰过面。住所与职业的变动当然是一部分理由，另外也是因为彼此的个性差异过大（并非感情的交恶）。吉米似乎未曾“定下来”，天生的“乐天派”，是“没事就喝上一杯的人”。

他的哥哥认为，海军为吉米提供了固定的生活，而真正的问题也就发生在1965年，他退役之后。一下子失去了已习惯的生活模式与倚靠，吉米停止工作，变得“失魂落魄”，也开始酗酒。20世纪60年代中期，特别是到了60年代末，他患有属于科萨科夫综合征类型的记忆伤害，不过以他吊儿郎当的处世态度，还不至于严重到不能自理；但1970年开始，他的酒就越喝越凶了。

吉米的哥哥事后得知，那年的圣诞节前后，他突然“性情大变”，变得异常激动又错乱，他就是在这当头进入了贝尔维医院。之后的第二个月，异常情绪与精神错乱的现象逐渐消失，但却留下令人难以理解的记忆丧失病，或以医学术语来讲，叫作“失忆症”。

当时他哥哥曾去探望他，他们已经有20年没见面了，结果却让他哥哥很震惊，因为吉米不仅认不得他，还一直说：“不要开玩笑！你老得可以当我爸了。我哥哥是年轻人，还在念会计学校。”

获得这些信息，只让我愈发不解：为何他记不得在海军后几年的日子？为何直到1970年，他才开始回忆起并组织他的记忆呢？那时仍未曾听闻这样的病人会有回溯性失忆症。“我愈发感到不可思议，”那时我这样写着，“他的病情是否有一些和歇斯底里或失忆症有关？换句话说，是否在逃避一些不愿记起的惨痛记忆？”

精神科医生也无计可施

我建议他找我们的精神科医生就诊。她的报告深入而详细，其中包括了巴比妥盐注射测验，这个测验用来“释放”任何可能被压抑的记忆。

医生也尝试催眠吉米，期盼能诱导出受歇斯底里症压抑的记忆，这种催眠对歇斯底里失忆症相当管用，但在吉米身上却不奏效，因为吉米无法被催眠。并非他“抗拒”，因为他的失忆症太严重，以至于他忘记催眠师在说什么（就职于波士顿荣民医院失忆症病房的诃莫诺夫医生（Dr. M. Homonoff）告诉我，他也有类似的经验。他的感觉是，这绝对是科萨科夫综合征病人的特征，截然不同于患有歇斯底里失忆症的病人)。

“我不觉得，也没有证据显示，”精神科医生这样写道，“他患有类似歇斯底里或伪装的失忆。他缺乏造假的本事和动机。而他的失忆完全是生理上的疾病，且是永远不会痊愈的，只是我们无法明白，为何时间回溯到那么远。”她觉得，吉米对自己的病情是“无所谓……也没有表现出特别焦虑的情绪，而身体机能的运作也没有问题”，所以她无法提出任何建议，也不晓得该“从何处下手”，或有什么“妙方”。

至此，我们可以相信吉米患的是如假包换的科萨科夫综合征，没有其他情感或器官的因素干扰。我写信向卢瑞亚请教，询问他的看法。在回信中，他提到一位叫贝尔的病人，这位病人丧失了过去 10 年的记忆。他说，他想不出为什么这类回溯性失忆症不会回溯到几十年前，甚至是一辈子。布努艾尔这样写道：“我只能坐以待毙地等着那最后到来的失忆症，将我的一辈子化为乌有。”但是吉米的失忆症则由于某种原因，将记忆和时间逆向消失至 1945 年，就停住了。偶尔他也会记得近年的事，不过只是片断又颠三倒四的。

他曾经看到报纸的标题写着“卫星”二字，就很自然地回忆起一个属于 20 世纪 60 年代初或中期的片段记忆，说他曾在一艘叫切萨皮克湾的船只上，参与过一个卫星追踪计划。但就整体状况而言，他记忆的切割点是在 40 年代中期（或后期），在这个年代之后，任何记忆都是断断续续，无从衔接。这是 1975 年时他的情况，过了九年后，病情依旧。

我们能做什么？又该做些什么呢？“用不着开处方，”卢瑞亚写着，“像这种病人，就发挥你的创造力，从内心出发去帮助他吧。想恢复他的记忆力，则是没什么希望了。但人并不是只由记忆构成的，人会有感情、意志、感触和道德归属——这些是神经心理学无法表达的范围。也就是在这样一个超越客观心理学范畴的领域里，你能找到接触他、改变他的方法。而你现在的工作环境特别适合这项工作，因为你们‘老人之家’就像社会的缩影，不像我的环境是诊所或医院。在神经心理学的范畴内，你是无技可施的。但如果进入了属于个人的范畴内，你就可能发觉大有可为。”

卢瑞亚提到他的病人科尔，说这个人表现出一种不寻常的自觉，虽然绝望却带着不一般的平静。“我没有此刻的记忆，”科尔会说，“我不清楚自己刚才做过什么或刚从哪儿来；对过去我记得相当清楚，却没有此刻的记忆。”当问到他是否曾见过正在给他做检验的人，他说：“我无法说有或没有，我无从断言，也无法否认曾见过你。”

在吉米身上偶尔也会发生这种事。吉米与科尔一样，在同一家医院待久了之后，逐渐形成“熟悉感”。他慢慢知道老人之家内部的地理位置。知道餐厅、自己的寝室在哪里；电梯、楼梯怎么走，也多多少少认得某些工作人员，虽然他会将他们误认成过去年代的人。他很快就对看护的修女产生好感；一下子就能认出她的声音和脚步声，但他一再宣称她是他的高中死党，也十分惊讶我称呼她为“修女”。

“啊！”他一声惊呼，“怎么会这样呢，我没有想到你会成为修女！”

吞没记忆的无底洞

从1975年年初来到老人之家至今，吉米从来没有办法持续无误地认得某个人。唯一例外的是每次从俄勒冈来探访他的哥哥。在一旁看他们的会面，真是十分感人，这是唯一会令吉米真情流露的时候。他爱他的哥哥，可以认得他，只是无法明白为何他那么苍老："我猜某些人老得快。"他这么说。事实上，他哥哥的外表比实际年龄还年轻，天生一副娃娃脸。这是一段真实的会面，只有在这个时候，吉米的现在与过去才会串联在一块儿。但他们的谈话，却不像在谈过去，也没有连贯性，吉米就像一块活化石，至今仍然活在过去，至少对他哥哥或旁观者来说是这样的。

起初我们对帮助吉米抱着极大的憧憬，他是这样一位风度翩翩、讨人喜欢、聪明伶俐的人，谁都不相信他无药可救。但大家都没碰到过，甚至没有想象过，竟有威力如此强大的失忆症。它犹如一个能吞没世界的无底洞，任何一丁点儿的东西，经验也罢、事件也罢，只要掉了进去，就再也出不来。

第一次见面时，我就建议吉米写日记，并鼓励他把每天发生的经历、感觉、想法、回忆与反省做成笔记。这个尝试开始时根本无法顺利进行，因为他总会丢掉日记本，必须绞尽脑汁使日记本成为他的贴身之物。但这个方法也彻底失败。他相当配合地每日写点简短的笔记，却不记得早先记载的内容，他能辨认出自己的字迹，只不过在看到前一天写下的内容时，总是一脸错愕。

他很惊讶，但并不真正在意，因为实质上他是一个没有"昨天"

的男人。他写的日记与现在无关，也与过去无关，也无法提供任何时间或连贯性的概念。此外，他一直在写些没意义的事：“早餐吃鸡蛋”、“看电视球赛转播”，就是不谈心事。但这个无记忆的男人会有内心世界吗？有那种感觉与思考始终如一的内心世界吗？或者在他的躯壳内，像休谟所形容的，只剩下一堆没什么道理的东西，仅仅是一连串不相干的印象与事情而已？

对于他内在如此深沉而悲哀的失落，以及自我的丧失，吉米可以说知道，也可以说不知道（如果一个人失去眼睛或脚，那必能感觉得到。但如果丧失自我（把自己丢了），是无法察觉的，因为不再有个“他”，去知道这事）。因此，我不能用理智的观点去询问他这些事。

对什么事都提不起劲

刚开始发现自己处在一堆病人当中时，吉米觉得莫名其妙，因为就像他所说的，他并不觉得自己身体有什么不舒服。但他内心的感受是什么呢？他体格强健，身材标准。他散发出野兽般的力量与精力，但也有种不搭调的慵懒、消极，以及“天塌下来也不关我的事”的漠然（大家都这么认为）。他让我们所有人都强烈感受到“失去了什么”，而对这样的感觉，如果他了解的话，他的态度也不过是一副不干自己的事的样子。有一天，我不问他有关记忆或过去的问题，而请教他最简单、最基本的感觉：“你感觉如何？”

“我感觉如何？”他挠挠头又重复说了一遍。

“我没有觉得不舒服，但也没办法说感觉舒坦，反正就是没什么感觉可言。”

“觉得自己悲惨吗？”我再问。

“说不上来。”

“觉得人生愉快吗？”

“我不能说我是……”

我犹豫了一下，害怕这些问题太过火，也许会让一个人硬生生地面对隐藏于内心、无法去承认、无法去忍受的绝望。

“你并不享受你的生活，”我重述一遍，有点犹豫，“你对人生的感觉是什么呢？”

“我说不出我有任何感觉。”

“然而，你是否感觉自己还活着吗？”

“有活着吗？倒也不尽然，我已经好一阵子没这种感觉了。”他的脸上挂着无比悲哀却听天由命的表情。

后来，我们留意到他对快节奏的游戏和猜谜很感兴趣，也乐在其中，游戏的力量紧抓住他，至少在游戏进行时，能让他感受到片刻的参与感与竞争感。他不曾抱怨自己寂寞，但外表看起来却是如此孤独；他不曾表露出忧愁，但面容却不开朗。因此，我建议他多参与老人之家的娱乐活动。这主意比要求他写日记更管用。

他自然而然就投入游戏之中，但过不了多久，其他人都玩不下去了：他能解开所有的谜题，简直易如反掌。玩起游戏来，他打遍天下无敌手。当他发现这种情形时，再度变得焦躁不安，心情紧绷烦闷，不断在走廊上来回踱步，并有一种自尊心受打击的感觉。觉得游戏或猜谜只不过是哄小孩的把戏而已。他清楚而热切地想要做点事。他想要去做、去成为、去感受，却一点办法也没有。他想要活得有意义、有目标，套用弗洛伊德的话，就是想要“工作与爱”。

无依的心灵寻找归属

他还能做“正常”的工作吗？他的哥哥说，他在1965年不再工作后，就“崩溃”了。他有两项傲人的技艺：摩尔斯电码与快速打字。除非刻意安排，否则摩尔斯电码是用不到的，而专精的打字则派得上用场；如果他能恢复这项专长，那可是一项扎实的工作，绝非玩游戏。

吉米就重拾旧技，打字打得飞快，慢的话他就做不来。在打字的过程中，也感受到工作所带给他的某种程度的挑战和成就感。不过，这仍然只是肤浅的敲敲打打的动作，无法触动他的内心。打字的时候，他只是呆板地、毫无意义地敲打着一句接着一句的短句，这个过程中，他无从思考。

自然有人会说，他是心灵伤残，像个“丢了魂的人”；他的灵魂真的被疾病“夺走”了吗？“你认为他有灵魂吗？”我曾这么问修女们。她们对我这个问题群情激愤，不过倒也还能体会我疑问的由来。“去看看教堂里的吉米，”她们如此说，“再自己判断吧。”

我去看了，真的很受感动，难以忘怀。因为映入眼帘的是一张全心全意、祥和专注的脸庞，那是我过去未曾在他身上发现也始料未及的。我看着他跪下，把圣餐放在嘴里，显然他跟上帝有着满心欢喜而圆满的心灵交流，他的心灵与弥撒的精神完美契合在一起。全神贯注、静默不语，在心思全然凝聚的宁静中，他达到了身心统一。

他被一种情感所吸引、所融入。在此刻，没有失忆症，科萨科夫综合征也不见了，其实此时大概也不可能有这种事发生了；因他不再受到那个错误百出的肉体所控制；不再受他那失序的记忆轨迹所摆布。这时候的他，沉浸在自己完整的本质之中，其中包含的情感和意义，是与生俱来、连贯而一致的。这样的本质没有一丝缝隙，也不容任何的破坏。

很明显地，吉米从绝对的心灵凝聚和对上帝的崇拜中，找到了自己，找到了连贯性与真实性。修女们说得对，他在这儿找到了自己的灵魂。而卢瑞亚所言不虚，他的一番话又在我的脑海中重现："上帝并非只用记忆来创造人类，人会有情感、意志、感触和精神归属。就在此处。你能摸到人的深处，并见到全然的转变。"记忆、智力活动与心智行为，无法完全掌控一个人。能支撑整个人的，唯有精神上的专注与行动。

或许"精神"一词还太狭隘了，因为当中还充满了美与扣人心弦的张力。看着教堂中的吉米，开启了我的视野，让我看到另一番天地。在其中，在心神合一的交流中，灵魂得到感召和拥抱，超脱了时空。当他碰到音乐或艺术时，也会产生同样深刻的吸引力与专注。我观察到，他能毫无困难地"追随"音乐或简洁剧情的律动，因为这些艺术活动具有时间性、都是环环相扣的。

感受一切美好与灵性

吉米也喜欢摆弄花草，曾负责过我们花园的一部分工作。刚开始时，每一天映入他眼帘的花园，都像是全新的。后来，也不知怎么了，他对花园熟悉的程度与日俱增，现在他几乎不会在花园里迷路。我想是借着忆起幼年时在康涅狄格州的花园，在脑海中他复制了这一座花园景象的缘故。

吉米迷失在外在延伸的时空中，如果仅是以一项工作、谜语、游戏或计算等纯粹心智挑战的事物，想要去“抓住”他的注意力的话，他会在一开始就陷入一无所知、失忆的无底深渊。但一旦他投入感情和心灵的专注里，如静观大自然或艺术创作、聆听音乐、在教堂做弥撒等，那股专注、“心境”与静肃会持续好一阵子，流露出他待在老人之家的日子里相当罕见的沉思与祥和的表情。

我认识吉米已 9 年了。就神经心理学的层面，他一点也没改变。他仍患有那最严重且要命的科萨科夫综合征，几秒钟内就会把事情忘得一干二净，这种失忆现象回溯到 1945 年。但如果透过人性或心灵的角度，他有时却判若两人，不再心神不宁、慌张失措、感到人生乏味和一脸迷惘，反倒是深刻地注意到周遭一切的美好与灵性，涵盖了克尔凯郭尔[6]（Kierkegaard）所提及的所有范畴，以及美学、精神、宗教、戏剧。

在初次见到他时，我就百般思忖，假如他命中注定不该属于那种在生活表面上自扰清梦、肤浅的“休谟式”人，那么，他这支离破碎的休谟式毛病，是否有超越的可能。经验科学给我的答案是没有，但经验主义、经验科学并没把“心灵”算在内，并不考虑构成与决定每个个体的要素。

或许这里有哲学与临床上的功课：就罹患科萨科夫症、痴呆或诸如此类病症的人而言，无论他们器官的损伤和休谟式的思考瓦解有多大，借助艺术、宗教的灵交、触动人性来达到复原的可能性，仍是丝毫不减的。这种可能性也可以保留给那些第一眼看上去毫无指望的神经病学的悲剧。

后记

我现在了解到，因科萨科夫症而导致的回溯性失忆症案例，即使不算普遍，但就某个程度而言，已属常见。而正统的科萨科夫综合征，因酒精对间脑乳头状体的破坏所造成的严重永久性“纯”记忆创伤，可以说是少见的，甚至在那些极度严重的酗酒者身上，也不容易发生。当然，科萨科夫症也会有其他病状出现，例如卢瑞亚的病人就患有肿瘤。

一个特别令人瞩目的重度科萨科夫症（欣慰的是，它是短暂的）病例，就在最近被完整地记录下来，它被称作“暂时性全面失忆症”（Transient Global Amnesia），通常是伴随着偏头痛、头部创伤或脑部供血失常的情况出现。它的症状是在几分钟或几小时内，产生非常奇特的失忆情形，虽然在此期间，病人还是可以进行机械式的动作例如持续开车，从事医疗行为或做编辑工作。但在这些流畅的动作之下，却潜伏着严重的失忆症。每说出一句话后随即就忘掉，凡过目之物，几分钟后不再记得，而原本就有的记忆则可能完整如初（1986年牛津大学的霍奇斯（Hodegs）博士已制作完成一些叫人永难忘怀、记录病人身处暂时性全面失忆症过程的录像带）。

而且，这种病症有时不只是当下事物的遗忘，或许也会并发严重的回溯性失忆症。我的同事普鲁特斯医生（Dr. Protass）告诉我，他最近看的例子：有一位才智卓越的男士，曾有过好几个小时无法记起自己的太太与小孩，忘记自己是个有妻小的人。确切地说，他失去了30年的光阴。但幸运地，这种情况只持续几小时而已。而从这个突袭中恢复虽是迅速且完全的，然而就某种意义而言，失忆产生的破坏力巨大，足以抹杀过去数十年的美好时光、满载的成就及多采多姿的回忆，让当事者饱尝令人心悸的冲击。

这种叫人不寒而栗的事，只有他人才会感到可怕，而病人全然不知，连自己有失忆症都不记得，只是继续做他的事，一副若无其事的样子。只有在事后才会发现他曾失去的，不仅是一天的光阴（类似平常酒醉后的短暂失忆），还是大半辈子的时光，而他对此从来都不知道。一个人的大半生就这样消失于无形，这种事听起来是何等不可思议又恐怖。

如果记忆像风

在成年的岁月里，生命、人生的颠峰常因脑中风、衰老、脑部重创等等因素而戛然而止，但对于过去的一切，依旧存留着美好的记忆。这样多少能给人一点慰藉："还好，我活得精采，在脑部受伤或年迈体衰之前，我度过充实的人生，遍尝人生百味。”

“过往的人生”既可以是慰藉之物，也可以是折磨人的东西，对回溯性失忆症患者来说，却是无缘拥有的。布努艾尔提到的，会完全抹杀掉人一生的“终极失忆症”，也许会发生在晚期痴呆症患者身上，但依我的经验，它不会是脑中风后一夕之间就造成的结果。但有一种不同类型却类似的失忆症，是会突然降临的；所谓不同之处，是指它并非“全部的”，而是只局限在某个特定范畴中。

我负责照顾的一位病人就是如此，在一次突然的脑血栓后，在不知情的情况下，这位病人完全失明了。他失去视觉，却一点也不怨天尤人。经过询问和测试，他不仅丧失视觉中枢，也就是变成所谓的皮质性失明，而且丧失全部视觉印象与记忆，完全没有意识到自己看不见了。

事实上，他彻底地失去了“看”的概念，不仅无法通过视觉去描绘事物，更离谱的是，当我使用了如“看”和“光”的这种字眼时，他就会一头雾水。他实质上已成了“无视觉动物”，其毕生所见与视觉感受，彷佛被掠夺一空。他全部的影像人生硬是像被洗劫一空，在中风发生的瞬间被永久删除。如此的视觉失忆症，不知道自己失明了、不知道自己失忆了，是完全只局限于视觉上的科萨科夫综合征。

上一章《错把妻子当帽子》所描述的是范围更小、部分失忆症。它的故事就是有关脸孔失认症，也就是说对脸孔失去辨识能力，这位病人不仅无法辨认五官，也无法去想象或忆起任何人的脸孔。确切地说，就是没有“脸”的观念，如同上述那位更多灾多难的病人，在他的字典里找不到“看见”和“光”这两个词一样。在19世纪90年代，安东就曾对这种病症做过描述。但由科萨科夫与安东的研究所牵连出的课题，直至今日仍鲜被关切，却与遭侵扰的患者本人的世界、人生、身份息息相关。

时间已然冻结

就吉米这个病例，我们常会想，如果带他回到自己的家乡，也就是重回失去记忆前的情景，他会有什么反应。只是事与愿违，近年来那个康涅狄格州小镇的变化之大，与往昔不可同日而语。稍后出现一个机会，让我得以了解若真有此状况发生，会是什么结果，不过主角换成一位叫史蒂芬的科萨科夫症患者，他在 1980 年时病情急剧恶化，但他的回溯性失忆症只倒退了两年左右。在一次周末，我受邀探访这位患有严重癫痫、痉挛和其他病症并需住院治疗的病人，也因此让我碰到一个令人痛心的境遇。

在医院里的他，已经认不得半个人、半点事物，随时随地处在一种癫狂的迷失状态中。但一旦被他太太带回家，回到自己的房子——那个封存失忆前岁月的“时空胶囊”，他马上有回到家的感觉。每样东西他都很熟悉，拍拍气压表，查看温度调节器，坐上他心爱的扶手椅，这些都是他的习惯动作。

他把 70 年代中期那个样子又搬出来，谈论着左邻右舍、商店、酒吧和附近的电影院。如果见到家中的摆设有了一丁点儿的改变，他就会露出一脸的不解与迷惑。“你今天换了窗帘了呀！”有一次他对他太太提出抗议，“发生什么了？怎么一声不响就换了？早上还是绿色的。”但实际上，它们从1978年之后，就不曾是绿色的。

他能认出大部分住家附近的房子或商店，这些房屋在1978年至1983年间，并没有多大的改变，但他对电影院被“篡位”就感到相当不解。（怎么可能在一夜之间就拆掉它，盖成超级市场呢？）他能认出老友与街坊邻居，却发现这些人显得出奇的衰老。（某某家伙，看起来真是老得可以。以前都没注意到这事。怎么大家都一副老态龙钟的样子？）

但真正令人痛心、毛骨悚然的事，是在他妻子带他回到医院时发生的。他觉得，怎么自己的老婆以这种莫名其妙的态度，把他带到这个全是陌生人的奇怪地方，而且丢下他不管，调头就走。“你在干什么？”他一阵恐惧，茫然地尖叫，“这是什么鬼地方？到底怎么一回事？”这种情节会令人不忍心再看下去。而对病人而言，也必定如同一阵疯狂或一场恶梦。幸运的是，也许在几分钟后，他就会忘掉这一切。

这种记忆冰封在过去的病人，只能在自己的老家井然有序地活在过去的岁月，时间对他们而言，早就冻结了。我听着史蒂芬在回到医院时惊恐困惑的尖叫声，为已不复存在的过去哀鸣。只是我们能做什么呢？难道我们能创造出一个时空胶囊、一段虚构的人生吗？除了《觉醒》里的罗斯（参看本书第十六章），我尚未耳闻有病人因受年代混淆的困扰，而有这般遭遇、忍受如此折磨。吉米的表现趋于稳定；汤普森（见第十二章）可以继续找人聊天；但史蒂芬却留下裂缝不停增大的时空创伤，一个永远无法愈合的痛楚。

*　　注释　　*　　*

1. 路易斯·布努艾尔（Luis Bunuel，1900~1983），西班牙电影导演，擅长超现实主义电影，代表作有《一条安达鲁狗》（*Un Chien Andalou*）、《黄金时代》（*L'âge d'or*）等几十部。——编者注

2. 作者所开的精神科诊所。——编者注

3. 1957 年苏联发射的人造卫星。这也是人类向宇宙发射的第一颗人造卫星。——编者注

4. 休谟（1711~1776），英国哲学家、历史学家、经济学家，他建立了近代欧洲哲学史上第一个不可知论的哲学体系。——编者注

5. 在那本引人入胜的口述史书《正义的战争》中，特克尔（Terkel）转述了许许多多的故事，特别是参加过战争的男人，他们都觉得"二战"历历在目，那是他们毕生最真实最重要的时刻，任何事情与它相比都黯淡无光。这些人一有机会就讲述战争的情形，重温战役和战友之间的情谊，字里行间的感情真实而强烈。他们如此执着于过去，变得对现实麻木不仁，对当下的情感与记忆非常迟钝。与这些人不同的是，吉米的失忆症源于生理问题。我最近有机会与特克尔讨论到这个问题。"我见过上千个这样的案例。"他告诉我，"这些患者'从 1945 年就一直是这个样子'，但我从未遇到过吉米那样的时间终结者。"

6. 克尔凯郭尔（1813~1855），丹麦宗教宗学心理学家、诗人，现代存在主义哲学的创始人，后现代主义的先驱，也是现代人本心理学的先驱。

第三章　灵魂与躯体分家了

她仍持续感觉她的躯壳是死的、
不真实的、不属于她的，
以至于她无法支配自己。
她找不到形容词来描述，
只能借用某种感觉来做模拟：
“我觉得我的身体又瞎又聋……
它对自己一点感觉都没有。”

事物最重要的一面，常因为它们太简单、太熟悉，以致被我们忽视（人对经常出现在眼前的事物容易视而不见）。探究事物的真实意涵总引不起人的注意。

——维特根斯坦（Wittgenstein）[1]

维特根斯坦这段关于认识论的谈话，可以运用到人的生理学与心理学上，特别是谢林顿（Sherrington）[2]所称的“神秘的感觉”或“第六感”。持续而无意识的感应，不断地由我们身体的活动部位（肌肉、肌腱、关节）涌出；身体的定位、节奏和动作，由此持续受到监控与调整，但我们看不见这一切，因为它们是习惯性而无意识的。

我们其他的感觉：听、嗅、触、味、视，是明明白白看得见的；但这样隐藏的感觉，则需要经由探索而得。谢林顿在19世纪90年代就曾对它下过定义研究，他称其为“本体感受”，一方面是要与“外部感受”和“内部感受”区隔，再者，它是让我们感到“自己”存在的不可或缺的条件。也就是说，因为有本体感受，我们才能感觉到自己的肉体是如此中规中矩，如同自己的“财产”，是属于我们自己的。

在基本的层面上，还有什么比能控制、拥有且自由运作自己的身体更重要的呢？然而，这件事是如此具有自发性，如此熟悉，以致于我们根本没把它放在心上。

乔纳森·米勒[3]（Jonathan Miller）制作了一部精美的电视节目

《对身体质疑》(*Body in Question*)。然而，身体通常是没什么问题的，或至少没什么值得大肆推敲的，因为它们就是这么简单、毫无疑问地存在着。维特根斯坦认为，对身体的无疑与确定性，是所有知识与规律的起源和根本。因此，他在最后一本著作《论确定》(*On Certainty*)里，开宗明义地说："如果你确定这是一只手，我们保证你能得到其他所有的真相。"但紧接着，就在同页的开场白，他又说："我们能问的是，怀疑本身是否合理……"往下几段又说："我能怀疑它吗？缺少怀疑的理由！"

说实在的，维特根斯坦这本书该以"论怀疑"当作书名，因为其中的疑问不比肯定的东西少。相对地，读这本书的人也会怀疑，这些思想的灵感，是否来自战争中他在医院与病人相处的那段时间——他想知道有哪种可能或状况，能将身体的确定性拿掉，如此一来，就有了怀疑身体的理由，说不定因此对整个身体的存在都不确定了。这个想法在他最后的写作中，如同梦魇般地纠缠着他。

恶梦竟成真

克里斯蒂娜是个体型壮硕的27岁女子，热爱曲棍球和骑马，充满自信，身心健康。她是在家工作的计算机程序员，有两个小孩。另外，她学养兼备，喜好芭蕾及湖畔诗人的作品（但我猜她不喜欢维特根斯坦）。她精力充沛、生活充实，很少见她生病。但出乎意料的是，在一次腹痛的侵袭后，医生发现她有胆结石，建议她切除胆囊。

她被安排在手术三天前住进医院，进行预防细菌感染的抗生素注射，这完全是项例行性的工作，没有人认为这项预防措施会出问题。克里斯蒂娜也了解这点，心里坦然，并没有太大的焦虑。

在手术前一天，向来不太幻想很少做梦的她，却做了感受一个特别强烈的恶梦。在梦中，她摇晃得厉害，双脚就是无法站稳，她觉得脚几乎碰不着地，对任何握在手中的东西也没知觉，只见双手来回挥舞，东西一到手就掉落。

这个梦使她非常困扰：“我从没做过这种梦，”她说，“它在我心中挥之不去。”因为过度困扰，于是请教精神科医生的意见：“手术前的焦虑，”医生说，“这很正常，我们看多了。”

但那天稍晚却恶梦成真了。克里斯蒂娜发现她站不稳，晃来晃去，手也握不住东西。精神科医生再度被召来。他对怎么又找上自己似乎有些不悦，但也有那么一下子，觉得不确定和困惑。“焦虑性的歇斯底里，”后来他斩钉截铁地说，口气里还带点儿不屑，“典型的转化症，这种事常有。”

手术当天，克里斯蒂娜的情况依旧很糟，根本不可能站立，除非她往下看她的脚。她的手拿不住东西，还会“晃来晃去”，除非用眼盯住它们才会停下来。当她想伸手拿东西或想把食物往口中送时，不是拿不到就是偏得离谱，像是某种必要的控制或协调能力离她而去了。

她都没有办法坐直，她的身体会“塌下来”。表情变得呆滞、松垮，整个下巴往下掉，如同狮子张口，连声音也失去了语气。

“可怕的事发生了，”她张着嘴巴，以鬼魂般单调的声音说着，“我感觉不到我的身体，很奇怪的，就像灵魂脱离了躯体。”

棘手的病情

这种事会把人吓一大跳，除了困惑外，还是困惑。“灵魂出窍”，她疯了不成？她的身体状况当时到底是怎么一回事？声调与肌力从头到脚都崩溃了。她的手摇来晃去，但她似乎都没察觉到。她用手反复击打，却无法击中目标，似乎是因为接收不到神经末稍的讯息，也像是声调与动作的控制线路遭到浩劫般的毁坏。

“很特殊的情况，”我对住院医生们说，“几乎无法想象有何原因能引发这样的状况。”

“是歇斯底里的状态，萨克斯医生，那位精神科医生不是如此解释吗？”

“他是这么说，但你曾碰到过歇斯底里的人有这些反应吗？用现象学来思索，把你所见的当真来看，你所看到的她的身体状态和精神状态都不是虚幻的，而是身心俱全的个体。有何原因能造成这幅肉体精神都饱受摧残的景象？”

“我不是在考你们，”我补充说，“我也一样一头雾水，在此之前，我不曾见过或想象得到会有这种事……”

我陷入沉思，他们也思索着，我们一起设法理出个头绪。

“有可能是双侧顶叶综合征吗？”有人问道。

“看起来‘似乎’是，”我回答他，“似乎顶叶没有接收到该有的感觉信息，我们来做些感觉测验，并测试顶叶的作用。”

依计行事之后，整个事情的脉络逐渐变得清晰。她的本体感受的缺陷状况似乎相当广，几乎从头到脚趾尖全包括在内。顶叶虽有作用，却没有发挥作用的对象。克里斯蒂娜也许有歇斯底里，但她还有一大堆问题，是我们不曾遇上或思考过的。此时我们紧急电召，但不是找精神科，而是打给康复医学专家，也就是物理治疗师。

我们在电话中显得非常急迫，对方火速赶到。当他见到克里斯蒂娜时，两眼瞪得有如铜铃般大，立刻为她做详尽的检查，接着又进行神经与肌肉功能的电击试验。

“真是开了眼界，”他说，“我没见过，也没读过相关的资料。她丧失了全部的本体感受，你们说得对，从头至脚趾，肌肉、肌腱与关节，都没有感觉了。她还轻微丧失了其他的感觉形态，像是轻触感、温度、疼痛，也略微连累到运动神经纤维。但罪魁祸首是来自定位感觉，也就是本体感受。”

“原因呢？”我们问他。

“你是神经科医生，你去查清楚吧。”

残酷的判决

到了下午，克里斯蒂娜的情况更糟了！她躺着动也不动，连气都不吭一声，呼吸也是一小口一小口。状况不太妙，也很诡异，我们想到该使用呼吸器了。

脊椎穿刺的结果显示有急性多发性神经炎，这是种极特殊的多发性神经炎，它不像居－巴二氏综合征（Guillain-Barré Syndrome），会对运动神经造成全面影响，它是纯粹的（或近乎是纯粹的）感觉神经炎，影响到整个中枢神经系统中脊椎神经与脑神经的感觉支。[4]

手术被迫延期。这时还动手术就太疯狂了。此时更迫切的问题是:“她能存活吗?我们能做什么呢?”

我们检查完她的脊髓液后，克里斯蒂娜用微弱的声音和更加模糊的笑容问我们:“检查的结果是?”

“你有发炎的情形，神经炎……”我们开始逐步把所知道的一切告诉她，当我们一时遗漏某些内容或避重就轻时，她明确的发问会将我们带回主题。

“能好起来吗?”她追问。我们面面相觑，又看了她，才说出:“我们不晓得。”

我告诉她，身体的感觉要靠三样东西，即视觉、平衡器官(耳的前庭构造)，和她所丧失的本体感受。正常状况下三者分工合作，一旦有一方失效，其他两者就会产生弥补作用或取代作用，直到达到某种程度为止。尤其是，我举了我一位病人麦格雷戈先生为例，他无法运用平衡器官而改用眼睛代替(见第七章)。神经性梅毒与脊髓痨的病人也有相似的症状，但仅局限于脚部，而同样也必须使用双眼去弥补(见第六章)。如果有人要求这些病人移动双脚，他们很可能会回答说:“好的，医生，等我找到它们。”

克里斯蒂娜听得很仔细，带着一种急切的专注。

“我该如何应对?”她缓缓说道，“是不是在过去我使用到，你们叫什么来着，本体感受的地方，现在都要用视觉，使用我的眼睛来弥补?而我也已经注意到，”她凝神呆视地又加了一句，“我的双手还会找不见，我以为它们在某处，却在另一处找到它们。这个本体感受就像是身体的眼睛，身体借着这条管道看见自己。一旦如同我所面临的，它不再起作用，那就等于身体的失明。我的身体在失去隐形眼睛的状况下就不能看见自己，是不是？所以我得去看它，充当它的眼睛，对吧？”

“没错，”我说，“是的，你够资格当生理学家了。”

“我有必要像个生理学家，”她回我一句，“因为我的生理状况出了毛病，而且也可能无法好转了……”

走出自己的路

克里斯蒂娜从一开始就表现得这么意志坚强。虽然急性发炎后来消退，脊髓状况也恢复正常，但对她的本体感受纤维所造成的伤害却持续存在。因此，过了一周或一年之后，并没有实现神经病学上的复原。事实上，至今已 8 年过去了，复原的成绩依然不见起色。尽管如此，她仍走出了自己的一条路，过着一种经过各方适应与调整的生活方式，而且她在情绪和精神勇气方面的调整，并不亚于对神经伤害所进行的生理调适。

第一周她什么也没做，懒得动也吃得少，处在一种惊吓、恐惧和绝望的状态中。假如无法自然复原，生活该如何继续呢？每个动作都需步步为营，日子会是怎样？尤其是，当灵魂与躯体分离时，她怎么活下去呢？

之后，生命如它所必行的，发生了复苏：克里斯蒂娜又再度动了起来。刚开始时，没有眼睛还真办不了事，而且总在眼睛合起来的刹那，无助地瘫成一团。她得一开始就用视觉监视自己，小心翼翼地看着身体每个要移动的部位，如临深渊、如履薄冰。这种感觉可以说是痛苦极了。她的动作在刻意的监视与控制之下，起初显得极度笨拙又不自然。但接下来她的动作逐渐能调整得更细致、更优雅、更自然（当然，整个动作仍依赖着眼睛）。我们彼此都对这与日俱增的自发能力惊喜不已。

日复一日，原本正常、无意识的本体感受，逐渐被同样是无意识的视觉回馈所取代，视觉自发作用与反射作用逐渐整合、渐趋流畅。会不会某种更基本的功能也在发生？脑对身体的视觉模式，或对身体的概念，通常是相当微弱的（盲人自然没有这种能力），而且通常附属于本体感受影响下的身体模式。有没有可能，在本体感受丧失之后，这一部分因为补偿或替代的作用，正获得某些过去所没有的特殊力量？因此，内耳前庭影响下的身体模式与身体概念也就可能发生补偿性增强……两者增强的程度可能远远超出我们的预料或期待。[5]

姑且不论内耳前庭的反馈能力是否增加，可以确信的是，她耳朵的使用频率增加了，是一种听觉回馈的表现。对说话而言，耳朵通常只扮演辅助角色，并不重要。我们因伤风而失聪时仍可正常说话，而一些先天性失聪者也能获得近乎完美的语言能力。说话发声的调节通常是种本体感受性的功能，由所有发声器官的回流信号所支配。克里斯蒂娜丧失了这种正常的回流性神经信息，失去了她正常本体感受下的音调与姿势，不得不使用她的耳朵，以听觉反馈的方式替代。

除了新形成的补偿性反馈外，克里斯蒂娜也开始发展出几种新补偿性的前馈反应，刚开始时是刻意才能感觉得到的，但一步一步成了不自觉且自发的。这一切都得归功于一位善解人意、足智多谋的康复师的协助。

不知感觉为何物

在浩劫降临的头一个月里，她总像个软趴趴的布娃娃，连坐都坐不起来；但三个月后，我吓了一跳，看见她正襟危坐，像一名挺直腰杆的舞者，但很快我就发现，她的坐姿事实上是一种逼迫自己、强装出来的姿势，用以弥补那欠缺真实与自然的姿势。与生俱来的能力失效了，她就“故作姿态”，不过这种姿态是遵循原本自然的样子做出来的，很快地也就成了第二天性。她的发声也是如此。而事情刚发生时，她几乎是不发一声。

声音是装出来的，如同在舞台上对观众讲话一般。它是一种夸大、像演戏似的声音，但不是为了装腔作势，或什么故意扭曲的动机，只因她仍无法恢复自然的发声。由于缺乏具有本体感受性的面部协调性和姿势，她的面部表情也遭受到波及：平板呆滞、了无生气（虽然内心仍然充满感情），需要刻意才能挤出表情来（如同失语症病人会采用夸张的重读和音调变化）。

但所有这些方法，充其量也仅产生局部效果，它们使生活变成可能，却无法恢复正常的生活。克里斯蒂娜学着走路，搭公交车、地铁，处理日常生活的事务。但她总是要保持充分的警戒心，动作也千奇百怪；一不留神，就会溃不成军。譬如说，她要是边说话边吃饭，或是把注意力移转到其他地方时，就会万般痛苦地使出力量握住刀叉，指甲与指头在承受压力后，变得毫无血色；可是一旦痛苦的压力减轻，她立刻会使不上力气，刀叉掉满地。所见的动作都呈现两极化，毫无变通的余地。

就这样，虽然她神经系统（具体指的是其神经纤维构造上的伤害）没有复原，不过她在医院康复部门待了将近一年，在各方照料和给予不同种类的治疗之下，其功能的复原有了相当可观的成果，也就是说，她学会了运用种种的替代方法或技巧。最后，当情况差不多时，克里斯蒂娜也得以离开医院，回家和孩子重聚。她又重返家中，面对计算机屏幕，而且现在技巧更成熟、更有效率，但这一切都是靠视觉控制而非靠感觉。她学会了操作，但她的感觉如何呢？这些替代方法能否驱散她当初所讲的“灵魂出窍”的感觉呢？

答案是：一点也没有。在本体感受作用依旧丧失功能的情形下，她仍持续感觉她的躯壳是死的、不真实的、不属于她的，以至于她无法支配自己。她找不到形容词来描述，只能借用某种感觉来做模拟：“我觉得我的身体又瞎又聋……它对自己一点感觉都没有。”她找不到直接的字眼来描写这种被剥夺的感觉。这种感觉器官上类似失明的黯淡无光或失聪的万籁俱寂，她找不到适当的用词来表达，我们也找不到。

难以言述的心酸

这个社会欠缺表达这种病情的词汇，也缺少同情。盲人或多或少都会被投以关爱的眼神，那是因为我们可以想象盲人的状况。因此，我们能适时地扶他们一把。但当克里斯蒂娜痛苦而笨拙地攀上一辆公交车，她得到的往往是莫名其妙的眼神和愤怒的咆哮："搞什么，小姐？你是瞎子还是喝醉了？"此刻她能说什么呢？"我没有本体感受？"

社会的支持与怜悯极度缺乏，等于是雪上加霜。她该归类为残障，但失能的性质并不明显，毕竟她不是那种瞄上一眼就知道的眼盲或四肢残疾，或有其他明显异常的外观；相反地，她总被当成骗子或笨蛋。会发生这种事，都是因为病人患的不是从外观上就可察觉的疾病（同样的问题也发生在内耳前庭损伤或做过迷走神经[6]切除手术的病人身上）。

克里斯蒂娜注定要生活在一个无法言喻、难以想象的领域，或者"无领域"、"空无一物"是较为适合的字眼。有时候，在只有我们两人单独相处的场合，她会悲从中来："如果我有感觉就好了！"然后放声大哭，"但我早就忘了它是什么样子了……我以前也很正常，不是吗？行动就跟别人一样自如吧？"

"当然。"

"没有当然这回事，我不信，证明给我看。"

我放了一卷录像带，那是在多发性神经炎发生前几个礼拜，她与孩子一起拍摄的。

"对了，这就是我！"克里斯蒂娜露出微笑，接着又哭了，"但我已经不是这位优雅的女子了，她消失了，我的记忆中没有她，甚至对她没有任何一点想象，我好像被挖空了……就像我们对青蛙做的事一样，不是吗？人们挖出它们的中枢神经、脊髓，人们断其髓、取其性命。这就是我，像一只青蛙被除去脊髓。你们大家请向前一步，来看看克里斯，第一位遭断髓的人类，她没有本体感受作用，对自己没有知觉。她是灵魂与躯体分离的克里斯，一个没有脊髓的女孩！”

她近乎歇斯底里地狂笑，我安抚她：“过来我这里！”然而，我心中却想着：“她说的对吗？”

就某种观点而言，她真的是“脊髓已断”、“魂魄已飞”的幽灵。她丧失了基本的、天生本质的定位感，至少消失了肉体器官的身份或“躯体的自我意识”，即弗洛伊德所认为的自我的基础：“自我的开端当属躯体的自我意识。”当身体知觉或身躯印象方面受到深度的干扰时，必然会发生人格的瓦解、真实感的崩溃。

威尔·米切尔（Weir Mitchell）在美国内战时与截肢、神经伤害病人相处的过程中，曾经体验到这种情况。他对这种情况的描述，无人能及，他以他的病人乔治·狄德罗的口吻，以半小说式的手法进行了一段很出名的描述，同时其现象学上的精确度不减，可以说是最好的一篇报道：

> 我很害怕地发现：有时，我对自己的存在，知觉又比前一次感觉到的更少了。那种感触是如此新奇，一开始时我真摸不着头绪，我发觉我不停地问别人，我是不是真的叫乔治·狄德罗，但话一出口，却又清楚地察觉到这是多么荒谬的事。我避免提及这种情况，并且更努力去探究我的各种心境。确信自己所缺乏的就是做我自己，此刻往往最令人伤心欲绝、万般苦痛。除此之外，我所能形容的，就是一种自我观照的感觉不足。

回复行动自如

对克里斯蒂娜而言，这种自我观照的不足之感，已随环境的逐渐适应和时间的流逝而日趋淡然。但那种怪异的、建筑在器官上的灵魂与肉体分离的感觉，自从她第一天发病后，还是这么强烈和不可思议。那些脊柱断裂严重的人，也会有这样的感觉，但他们是肢体残障；反之，克里斯蒂娜虽然彷佛“没有身体”，却能活动自如。

当她的皮肤受到刺激时，她会获得短暂且局部的解脱。她会尽可能到室外，她爱上了敞篷车，因为坐在车里，她能感觉到风吹拂过脸庞和身体（她的轻触表面知觉只稍稍受损）。“太棒了，”她说，“我意识到手臂和脸与风儿的接触，我能微微地了解到，我应该是有手有脸的人。虽然这不切实际，但还是有意义，让我这副无知觉的臭皮囊暂时得到缓解。”

不过，她的情况还是如维特根斯坦所言的模样。她并不清楚什么是“这是一只手”，丧失本体感受，出现神经传导阻滞，已剥夺了她存在的、认识自我的基础。无论她怎么做，怎么绞尽脑汁去想，也无法改变这个事实。她无法确定她的身体，如果维特根斯坦遭遇她的状况，将会怎么说呢？

在这种不寻常的状况下，她虽然战胜了病魔，但也不得不向命运低头。她成功地学会了操控身体，但无法感同身受。她适应能力的触角，成功地伸向令人难以置信的领域。而意志、勇气、执着、独立自主，以及知觉与神经系统的可塑性，给了她成功的保证。她硬着头皮迎向前，面对完全陌生的处境，对抗许多超乎想象的障碍与异样经验，成了一只不屈不挠、叫人刮目相看的浴火凤凰。她已成为那些在饱尝神经疾病之苦后，赢得胜利的无名英雄中的一员。

然而，她终究还是无法摆脱身体上的缺陷。就算集世上的活力与机智于一身，即便神经系统能够产生替代与补偿的能力，却丝毫也无法改变她始终不见起色、全面失去本体感受的情况。没有了重要的第六感，她永远无法感觉到身体真的存在，真的属于自己。

可怜的克里斯蒂娜在1985年仍是“断髓”的状态，就像几年前一样，未来也要这样度过余生。那种生活是一般人无法体会的。时至今日，就我所得到的信息，她是首例。也就是第一位“灵肉分离”的人。

后记

现在，有一大群病人和克里斯蒂娜同病相怜。我从第一位发表此病例的绍姆伯格医生（Dr. Schaumberg）处得知，各地正有大量的病人被披露，他们患有严重的感觉中枢神经病变，其中最糟的病症就和克里斯蒂娜的相同，有身体印象遭受侵害的现象。他们当中绝大部分是健康狂热者，或热衷于服用大剂量维生素，曾大量服用过维生素B6。可以说，如今已有数百位“灵肉分离”的饮食男女。不过，不同于克里斯蒂娜：一旦他们停止服用维生素B6来毒害自己，多数人的情况是可以获得好转的。

*　注释　*　*

1. 维特根斯坦（1889~1951），出生于奥地利，后入英国籍，哲学家，语言哲学的奠基人。主要代表作有《哲学研究》等。——编者注

2. 谢林顿（1857~1952），英国神经生理学家，1932 年因发现神经细胞活动的机制而获诺贝尔奖。——编者注

3. 乔纳森 · 米勒，美国著名新闻人，“美国在线”（AOL）前任 CEO。——编者注

4. 这种感觉性神经炎很少见。就我们所知，在当时（1977 年），克里斯蒂娜的病例是独一无二的，因为它显示出了不同寻常的选择性，即只有本体感受纤维受到伤害。

5. 这可以和已故的博登 · 马丁（*Purdon Martin*）在《基底核与姿势》（*The Basal Ganglia and Posture*）（1967 年版）中描述的经典案例相比较：“这位病人尽管常年进行物理治疗和训练，但是正常走路的能力仍未恢复。他最大的困难在于开始走路时让自己的身体向前倾……他既不能从椅子上站起来，也不能手脚着地爬行。站立或者走路时，他完全依赖于视觉，只要闭上眼睛就会摔倒。刚开始，闭上眼睛的时候他甚至都不能在普通的座椅上保持姿势不动，但后来逐步获得了这一能力。”

6. 迷走神经为第 10 对脑神经，是脑神经中最长、分布最广的一对，含有感觉、运动和副交感纤维。——编者注

* * **第四章　被一条怪腿纠缠的男子** *

他一整天的心情都不错，
快傍晚时睡了一觉，
醒来后精神饱满，
直到他在床上挪动了一下身子，
才发现不对劲。

他发现床上有一条“某人的腿”，多可怕的事！

他吓得瞠目结舌，涌上一阵惊讶与恶心。

多年前，我还是个医学院的学生时，曾接到一名充满困惑的护士打来的电话，跟我说了个前所未闻的故事。

她说，她们有位新病人，是个年轻人，早上才入院的。他看上去很谦和，也相当正常，整天都是这样。确切地说，在他打了一个小盹醒来的几分钟之前，一切都很正常。但之后他似乎就变得兴奋且怪异，完全变了样。不知怎么回事，他存心要让自己摔下床。他现在就坐在地板上，大发雷霆地又吼又叫，拒绝回到床上。护士问我能否去一趟，看看是怎么一回事。

到了那儿，我发现病人躺在病床边的地板上，瞪着他的一条腿，表情夹杂着愤怒、警惕、困窘和滑稽，其中困窘的成分最多，还隐约透露出惊慌失措。我问他是否要回到床上，或是需要什么帮助。但他好像被这种问题惹毛了，一直摇头。我蹲在他旁边，捡起丢在地上的病历卡。

床上出现一条怪腿

他说，早上他是来接受几项检验的，并没有什么不舒服的地方，但神经科医生感觉他有条“懒惰”的左腿，没错，他们用的正是这个字眼，所以认为他该住院。他一整天的心情都不错，快傍晚时睡了一觉，醒来后精神饱满，直到他在床上挪动了一下身子，才发现不对劲。根据他的说法，他发现床上有一条“切断的某人的腿”，多可怕的事！

刚开始他吓得瞠目结舌，涌上一阵惊讶与恶心。他从来没碰到过，也没想过会有这么荒唐的事。他小心翼翼地去摸摸那条腿，它的构造还算完整，只感觉到“独特”和冰冷。就在这时，他茅塞顿开，明白是怎么一回事：有人拿他寻开心！开了这个恐怖低级、却创意十足的玩笑。

今天是新年前夜，大家正大肆庆祝。有半数的员工都喝醉了。欢声笑语和鞭炮声四处响起，到处是欢乐的景象。显然是一名有着恐怖幽默感的搞怪护士，偷偷溜进解剖室，随手抓起一条腿，并趁他熟睡之际，将那条腿塞入他的床单下，捉弄他一番。这样的解释让他内心舒坦许多。只不过玩笑归玩笑，这样做实在有点过火。他要把这个鬼玩意儿扔出床外，但是……说到这里，他几乎说不下去了，还涌上一阵不寒而栗的哆嗦，脸色也变得惨白，当那条腿被抛出床外时，他也莫名其妙地跟着它一起飞出去了，因为那条腿竟然连在他身上。

“你看它！”他表情激动地大吼着，“你见过这样令人毛骨悚然的玩意儿吗？我想尸体应该是没有生命的，但这太奇怪了，而且不知怎么了，真是活见鬼，它似乎抓着我不放！”他用双手紧握着那条腿，使出吃奶般的蛮力，想把它从身上扯下来，但是失败了。怒火中烧，他捶打着那条腿。

“不要紧张！”我说，“安静！放轻松！要是我的话，我不会那样捶打那条腿。”

“为什么不可以？”他以愤怒又充满敌意的口气问我。

“因为那条腿是你的，”我回答他，“你不晓得你身上长着腿？”

左腿到哪儿去了

他凝视着我，眼神中混杂着茫然无措、难以置信、恐惧和可笑，一副觉得我疯了的表情。

“嘿，医生！”他说，“你当我是傻瓜呀！你和那护士串通好的，你真不该和病人开这种玩笑！”

“我没有胡说，”我说，“那是你自己的腿。”他从我脸上的表情看出我是认真的，眼中随即浮上了莫名惊恐的情绪。“你说这是我的腿，医生？你不会是想说，人应该认得出自己的腿吧？”

“完全正确，”我回答，“我们应该会认得自己的腿，我没办法想象，有人会不认识自己的腿，或许是你一直在耍我们？”

“我对天发誓，我没有。人当然该知道什么是自己身体的一部分，什么不是。但这条腿，这玩意儿，”因为厌恶，他又一次颤栗，“感觉不对劲，感觉不真实，看起来不像是我的。”

“那它像什么呢？”我纳闷地问，现在我和他一样茫然了。

“它像什么？”他慢慢地重复了一遍我的话，“告诉你，它像什么，它像不存在这世上的东西。我怎么可能会有这种鬼东西呢？我不清楚它该属于哪里……”他的声音渐趋微弱，一脸惶恐与受惊的表情。

“听着，”我说，“你的状况并不好，让我们把你弄回床上，但我最后想问你一个问题。如果你说，这玩意儿不是你的左腿（在我们的交谈中，他曾一度称那条腿是个仿制品，并对某人花了那么多工夫去制造出如此栩栩如生的东西，感到不可思议）。那你自己的左腿到哪儿去了？”

他的脸色再次变得惨白，苍白得让我以为他就快昏倒了。“我不知道，”他说，“我一点头绪也没有，它失踪了，不见了，找不到了。”

* * *
* 后记 *
* * *

这篇故事发表后，我收到著名的神经科医生克雷默医生的一封信。他写道：

> 我曾被要求到心脏科病房去看一位病因不明的病人，他患有心房纤维颤动的疾病，并已切除了造成他左侧半身不遂的栓塞。我被邀请去看他，是因为他晚上不停地从床上掉下来，而心脏科医生找不出原因所在。
>
> 当我询问他晚上的情形时，他很直截了当地说，夜里一觉醒来，总是在床上发现一条冰冷、毛茸茸、死人的腿。他不知是怎么回事，但也无法忍受它的存在。因此，他用他正常的手脚想把它推出床外，当然，这么一来，他的身体也会跟着掉下去了。
>
> 这个病人可以说是完全失去半身肢体知觉的典型病例。但有趣的是，我无法令他说出，他原来那一条腿是不是还跟着他在床上，因为他已被那个“不速之客”搞得心烦意乱，根本无暇回答我的问题。

第五章　天生我手必有用

她那双原先毫无生气、瘫软无力的手，
如今似乎充满了不可思议的活力与敏锐的触感。
她不只比一般明眼人更热切地寻索认识，
更巨细靡遗地去触摸了解，
还像一位天生的艺术家般，
带着品味与静静欣赏的味道，
充满了想象与美的感受。
那种抚触，让人觉得是一位盲人艺术家的探索。

玛德琳在1980年住进了纽约附近的圣班尼迪克医院（St. Benedict's Hospital），时年60岁。她先天性失明，伴随大脑麻痹，一辈子都是由家人照顾。根据这番病史，还有她可怜的状况，例如痉挛、不自主性的运动，也就是不由自主地摆动双手，再加上视觉障碍，我本来以为她应该是既低能又迟缓的。

但她根本不是这样，而且正好相反：她说话毫不困难，应该说相当流畅（很幸运，她说话只受到痉挛症很轻微的影响），各方面都显现出她是个生机盎然、聪慧过人又有学问的女士。

"你读了不少书，"我说，"你一定把点字摸得熟透了。"

"不，不是这样的，"她说，"我都是通过有声书或由别人念给我听。我不会点字，一个字也不懂。我没办法做任何需要用到手的事情，我的手完全不听使唤。"

她嘲弄似地把手举起来："可怜无用的双手，我甚至感觉不到它们是我身上的一部分。"

这让我非常惊讶。手部通常不会受到大脑麻痹的牵连，至少不会造成无可救药的影响：可能会有些痉挛或是无力、变形，却多少还能派上用场[不像腿部，可能会完全瘫痪，该病名为李特尔氏病（Little's Disease）或大脑痉挛性双瘫]。

玛德琳的手有轻微的痉挛与抽搐现象，不过我很快确定，她的感觉能力仍然十分健全：她能快速而正确地区分轻柔的碰触、痛楚、温度，以及手指头非自主的动作等。像这类基本的感觉功能都健全，然而，在认知的功能上却丧失殆尽。她无法认识或辨认任何东西，我把各种物品放在她手中，包括我自己的一只手，她都认不出，她也不会伸手去触摸。她的手没有“主动的整合性”的动作，真的就像两块面团般，毫无生气、完全无用。

这真令人不解。要怎么解释呢？最基本的感觉功能并没有“缺陷”，她的手应该有潜力成为一双正常的手，可是情况却不是这样。有没有可能那两只手失去功能、没办法用，是因为她从来不曾使用？会不会是因为打从出生起，她就一直受到“保护”、“照顾”、“小心呵护”，让她无法如同所有的婴儿一般，出生几个月就学着去使用双手？如果是这样，虽然听起来匪夷所思，却是我能想到的唯一假设。她有没有可能以如今60岁的高龄，重拾她早该在出生头几个礼拜、几个月就该有的能力？

双手能动起来吗

这是否有前例？医学史上有没有类似的记载，或者尝试过？我不晓得，不过我马上想到了一个可能的病例，就是里昂特夫（Leont’ev）与扎波罗热（Zaporozhets）在他们的著作《重建手部功能》（*Rehabilitation of Hand Function*）里所描述的情形。他们提到的情况，病源完全不同：约200名士兵在伤重手术之后，产生类似的手部“疏离感”，例如，受伤的手感觉“不像自己的”、“报废了”、“没有生命”、“迷失了”，然而其基本的神经、感觉功能却完好如常。

两位作者提到了让直觉（或说手部的知觉）产生功能的“直觉系统”，可能在受伤、手术后的情况下会“脱离”，以致会有几个礼拜、甚至几个月，两只手变得不管用。就玛德琳的例子来看，虽然也有相似的“无用”、“没有生命”、“疏离”的现象，却是一辈子都如此。她所需要的不是复原，而是初次去发现双手、去获得双手。不仅是重拾“脱离”的直觉系统，更要建立她不曾有的系统。这有可能吗？

里昂特夫与扎波罗热所描述的那些受伤的士兵，原先都有正常的手部功能。他们要做的只是去“回忆”那在严重受伤过程中遭到“遗忘”、“脱离”或“停止活动”的能力。相对地，玛德琳没有记忆可以参考，因为她从未使用过她的双手或双臂，而且她不觉得自己有手。她没有自己吃过饭、单独上厕所或者自己伸手做些事。她总是让别人代劳。60 年来，她都过着“没有手”的日子。

这就是我们所面临的挑战：双手具有完整基本感觉功能的病人，却没有能力将这些感觉整合，成为认知这个世界与自身的能力。以那双“无用”的手，她没有办法说“我认为、我知道、我要、我要去做”。不过我们总得设法（例如里昂特夫与扎波罗热为他们的病人找出来的法子）让她主动地去活动或使用她的手。而我们希望，这么做可以使她的感觉能够整合起来，正如罗伊 · 坎贝尔（Roy Campbell）所说的：“整合产生于行动中。”

玛德琳对此完全同意，还跃跃欲试，但也同时感到迷惑而不抱希望。“我怎么用我的双手，”她问，“如果它们只是两个废物？”

通过触觉重新认识世界

歌德（Goethe）曾写道："万事始于行为。"当人面临道德或生存困境时，这话可能是对的，但人的动作与认知却并非源于此。然而在此也总要有个突破点：第一步（或第一个字，就像海伦·凯勒当初说出的"水"字）、第一个动作、最初的感觉、第一个冲动，完全是出人意外、从无到有，或者说从没有感觉到有感觉。万事始于冲动，不是行为、不是反射，而是冲动；后者比前两者更明显，也更神秘。我们无法对玛德琳说："去做！"但可以暗自期待能有冲动产生。我们可以盼望、可以诱导、甚至去激发这样的"冲动"。

我想到了找奶吃的婴儿。"送食物给玛德琳时，偶尔假装不小心，把东西放得远一点，她碰不到的地方，"我告诉护士，"不要让她挨饿，不要捉弄她，但是在喂她的时候，不要像平常那么迅速体贴。"有一天，事情终于发生了，过去不曾有过的状况出现了。因为又烦又饿，玛德琳不像平常那样，耐心地在一旁等待，而是伸出一只手，摸索着，找到了一个圆圈面包，把它往嘴里送。这是60年来，她第一次用到手。

而这前所未有的手部动作，也让她在世上可以像个"有行动的个人"（这是谢林顿的话，指一个人通过行动而突出自我）。这也意味着她生平第一次的手部知觉，使她成为一个完全"有知觉的人"。她初次的经验、首先认识了面包，或者面包类。就像海伦·凯勒认识的第一样事物、说出的第一句话是"水"（与水性质相同的东西）。

首次的动作、首次的知觉之后，进步便一日千里。就像她伸出手去探索、碰触一个面包，现在，她也带着新的渴望，去伸手摸索全世界。饮食大事打头阵，去感觉、触摸各样食物、碗盘、餐具等。“认识”从某个程度上来说，是经由半猜半想、迂回曲折的方式而获得的，因为从出生就失明又没用过手，她脑袋中连最简单的想象都没有（海伦·凯勒至少对布料还有想象）。如果她不是聪明过人又学识丰富，能够借助别人的语言所传递的意象来完成、继续她的想象，她可能一辈子都会像个婴孩般地无助。

甜甜圈是个圆形的面包，中间有个洞。叉子是一根长扁状的物体，有一些尖尖的突起。这些初步的分析，很快就被立即产生的直觉所取代，一样东西马上就被辨识出来了。她对它们的特性和外型已经了如指掌，能够像遇见了特别的老友般，立刻指认出来。像这样不是经由分析，而是整体立即的反应认知，带给她很大的快乐，也让她感觉到自己正在探索一个充满奇幻、神秘而美丽的世界。

令人赞叹的盲人雕塑家

稀松平常的东西也能让玛德琳乐上半天，不仅带给她愉悦，也刺激了她想要复制这些东西的欲望。她要了黏土，开始塑造模型：她的第一件作品是一只鞋拔。而即使是这样的小东西，也带着特殊的力量与幽默，线条流畅、有力、饱满，令人想起亨利·摩尔（Henry Moore）[1]早期的风格。

过了一段时间，大约在她认识第一样东西之后的一个月，她的注意力和喜好开始从物品转向人。因为即使以纯真、朴拙、令人会心一笑的创意来变化形状，物品所能引发的兴趣与可表达的程度，毕竟有限。现在她需要去摸索人的脸和身体，了解静止和动作时的模样。

成为玛德琳感觉的对象，是个很棒的体验。她那双原先毫无生气、瘫软无力的手，如今似乎充满了不可思议的活力与敏锐的触感。她不只比一般明眼人更热切地寻索认识，更巨细靡遗地去触摸了解，还像一位天生（新生）的艺术家般，带着品味与静静欣赏的味道，充满了想象与美的感受。那种抚触，让人觉得不单是个瞎眼妇人的摸索，更是一位盲人艺术家的探索。那是一颗有思想、有创意的心灵，正对这个世界所有的感官与精神领域开启。那些探触是那样急切地想重新表达、重新呈现外在的事实。

她开始雕塑头像与身体，而且不到一年，已经成为圣班尼迪克附近小有名气的盲人雕塑家。她的作品通常是原像的一半或四分之三大小，线条简单但特征明显，带着令人赞叹的表现力。对我、对她、对我们所有的人来说，这个经验真是令人感动、异常奇妙，简直就像是神迹一般。

任何人做梦都想不到，人的基本知觉能力，原本应该在生下来的头几个月就得到，却一直没有发展出来，而竟然还能在六十几岁时才获得。这个经验开启了多么美好的可能性，就是人可以活到老、学到老，而残障者也会有超乎想象的学习能力。谁又想得到，这位眼睛看不见、半身不遂的女性，一辈子远离人群、行动不便，受到过度保护，竟然潜藏了如此惊人的艺术天分（她自己跟旁人都没有料到），而且在蛰伏了 60 年之后，创造出罕见而美丽的作品！

后记

不过，后来我发现，玛德琳并非特例。不到一年，我就遇到另一名病人西蒙，他也是脑性麻痹伴随重度视障。西蒙的手虽然正常有力，也有感觉，他却不常使用自己的手，而且在提东西、触摸或辨认物品时，特别无能。现在我们的观念已经因为玛德琳而改变了，我们怀疑他是不是也有类似的发展性辨识不能，因此，可以如法炮制地来治疗。后来真的看到，在玛德琳身上所成就的情况，也出现在西蒙身上。

一年之内，西蒙的手在各方面已经变得十分灵巧了，尤其喜欢做一些简单的木工、雕刻夹板和木头，然后再组合起来，做成简单的木头玩具。他没有雕塑或重新创作的冲动，不像玛德琳是个天生的艺术家。就跟玛德琳一样，西蒙过了半个世纪不用手的生活，如今每一样动手做的事情，都令他乐在其中。

这个案例可能更值得一提。因为西蒙是个轻度智障者，跟热情洋溢、天资聪颖的玛德琳比起来，他只是个头脑简单的好好先生。我们可以说玛德琳是位佼佼者。而海伦·凯勒，百万人中才出一个这样的人，但这些标准并不适用于单纯的西蒙。然而事实却证明，基本的成就，如手工艺的成就，在两者身上都有可能发生。显然，在这点上，智商的高低无足轻重，唯一不可或缺的是多使用双手。

多动手脚，熟能生巧

像这样发展性辨识不能的病例可能相当少，但后天的辨识不能却十分常见。后者也同样显示了“使用带来能力”的基本原则。所以我不时看到一些病人，因为糖尿病而染上了严重的“手套与袜子”的神经性病变。如果这种病变恶化到相当的程度，病人的手脚连麻痹的感觉都不见了，变得无真实感，或者无法了解感觉是什么。他们可能会觉得（就如某个病人所说的）自己“像个箱子”，手和脚都“消失不见”。有时候他们觉得自己的手脚已经枯干了，只不过像几块面团或石膏般粘在身上。这种非真实的感觉，如果出现的话，绝大多数是突然发生的。至于回到真实的感觉，如果有的话，也是一下子就回来的。

这是一个非此即彼的临界点，无论就身体功能与本体存在的角度来看，都是如此。这时候，必须要求病人去使用手和脚。甚至，如果情势所需，还要“引诱”他们多加使用。能够多动手脚，才会有突然回归现实的可能，那是一种忽然间能够主观上感觉到手脚的存在，而且觉得它们有“生命”的状况。不过，前提还是需要病人生理上有足够的潜能（一旦神经性的病变已全面恶化，神经末梢已经完全死去，就没有重返真实的感觉的可能了）。

需要进一步说明的是，这类主观的感觉，绝对有相应的客观事实基础：有时我们会发现病人手脚部位的肌肉完全检测不到电位变化，也有可能发现，从最周边的感觉到大脑皮质的感觉区，都缺乏激发性电位变化。但只要手脚的感觉因为不断使用而回归现实，生理上的状况也会有 180 度的转变。

类似的死去或不实在的感觉，已经在第三章中提到了。

*　注释　*　*

1. 亨利 · 摩尔（1898~1919），英国著名雕塑家。作品深受非洲和前哥伦布时期美洲的美术风格影响。——编者注

第六章 “割”剧幻影

有个水手不小心切掉了自己右手的食指，
从此少了一根指头。
40 年之后，
他却为好像突然重新长出来的虚幻手指而饱受困扰。
每次他把右手举到面前，
例如，吃东西或抓鼻子，
他就怕那根其实不存在的食指会戳到自己的眼睛。

“幻影”在脑神经学的用语中，是指身体某部分，通常是肢体，在失去它几个月或几年之后，仍然挥之不去的印象或记忆。这类症状在很早以前就被发现，美国伟大的神经学家威尔·米切尔在南北战争期间与战后，对此症做了详细的探索与记载。

米切尔描述了好几种幻影：有一些如见鬼般地不真实（他称之为感觉幻影）；有些不由自主的，甚至带着危险性的，让人有逼真的感觉；某些幻影会带来剧烈的疼痛感；有的（大部分）则一点也不痛；有些症状就像是“音容宛在”，病人还会看见失去的手脚分毫不差的样子；有的则轮廓模糊、扭曲变形，除此之外还包括反面的幻影，或称失落的幻影。

米切尔也清楚地指出，这一类“身躯印象”的扭曲——这个名词在 15 年后才由亨利·黑德（Henry Head）启用——导因可能在于中枢神经（感觉皮质区受到刺激或受伤，特别是顶叶），或者周边神经（神经受到撞击、受损、传导不顺畅或刺激过度，神经瘤、脊髓神经感觉支或脊髓感觉束遭受干扰）。我对于周边神经造成的症状特别感兴趣。

接下来的几篇很简短，带点趣味性，都是转载自《英国医学学刊》（*British Medical Journal*）的“临床病例”。

栩栩如生的虚幻手指

有个水手不小心切掉了自己右手的食指，从此少了一根指头。40 年之后，他却为好像突然重新长出来的虚幻手指而饱受困扰。每次他把右手举到面前，例如，吃东西或抓鼻子，他就怕那根其实不存在的食指会戳到自己的眼睛（其实他也晓得这是不可能的，却无法排除那种感觉）。

后来他患上了严重的神经性糖尿病，失去了所有的感觉，甚至不会感觉到任何手指头的存在。虚幻手指当然也消失了。

一般都知道中枢神经系统疾病，例如中风，能够“治疗”幻影，但周边性的疾病，又有多少机会能达到同样的效果？

所有截肢病人都知道，如果要让义肢发挥效用，手足还存在的感觉是必要的。克雷默医生曾经写道：“它（指幻影的感觉）对于截肢者很有益处。我确信除非身躯印象，也就是幻影的感觉，能够与义肢融合，否则患者就不能够行动自如。”

所以，如果幻影不见了，可能很凄惨。而找回幻影，让它重新活灵活现，就变成了当务之急。可以实行的方法有很多种：米切尔描述了他怎么以电流刺激上臂神经，让消失了25年的手臂幻影突然复活。

我也曾有这样一位病人，他告诉我每天早上如何“唤醒”他的幻影：首先把大腿往内弯曲，然后用力地拍打，“就像在打婴儿的屁股”，一连打好几下。第五、六下时，幻影就会跑出来。这时候他才能套上他的义肢，起来走路。

不知其他截肢者还有哪些奇怪的办法？

位置幻影

有位患者叫查理，因为有走路不稳、跌倒与晕眩的症状，怀疑有检查不出来的内耳功能障碍，而被送到我们医院。待仔细询问之后，才发现他所经历的并非晕眩，而是一直不断改变的位置幻影。地板一下子变远、一下子变近、一会儿上下晃动、一会儿颠簸、一会儿倾斜，用他的话说，“就像一艘在巨浪中的船”。

结果他发现自己如果不低头盯着双脚，就会左摇右晃。他必须依赖视觉来告诉自己双脚与地板真正的位置，因为感觉已经越来越不可靠。但即使是用眼睛，有时也会被感觉所混淆，以致地板跟他的脚看起来都很可怕，而且不断改变。

我们很快就确定他的病症是由于结核菌严重扩散，感染到了侧背部，以致感觉错乱，产生快速且不规则的身体感觉幻象。每个人都熟悉肺结核末期的症状，那时候可能会有视觉上的障碍，看不见自己的脚。

这名患者的描述，让我想到自己的一段经历，事情发生在从部分性视盲复原的阶段中。这段经历曾出现在《单脚站立》里：

我一直站不稳，而且必须低着头看。后来我知道混乱的来源在哪儿。就在我的腿。或者，应该说，是那只叫作腿，却像粉笔一样的圆柱体。有时候，“那支粉笔”看起来有一千英尺长，有时候只有两公分；它一下子胖，一下子瘦；这会儿歪那边，那会儿又歪这边。它的大小与形状、位置与角度老是不一样，一秒钟可以变个四五次。变形的程度太大了，每个“形状”的变化之间，还有千变万化的转换样式。

真实或虚幻

对于幻影，一直有些难解的疑问：它们该不该发生？这到底是不是病？是“真的”？还是假的？相关的文献令人混乱，但病人却不会让人混淆。通过他们的描述，澄清了一些有关幻影的事实。

有个神智清楚、被截肢的部位在膝盖以上的病人，告诉我一件事：

这玩意儿，这条“鬼腿”，有时候疼起来会要人命，脚指头还会扭曲痉挛。到了晚上，拿掉义肢或我闲下来的时候，尤其难过。当我把义肢装上，开始走动，感觉就消失了。我还能深切感觉到以前那条腿的存在，不过话说回来，它是个好“鬼”，让我的义肢有力量，让我能够走路。

对这个患者，或对所有的患者而言，赶走“不好”的（或被动的、病态的）幻影，让“好”的幻影，也就是对腿部有持续的记忆或印象的幻影，在他们需要的时候能保持鲜活、有力，这样的用处不就是胜于一切的判断标准吗？

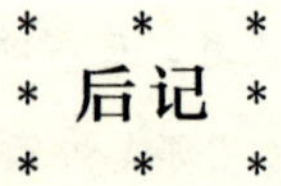

许多（但不是所有的）有幻影的病人，会有“幻影痛”，也就是在幻影中发生疼痛的困扰。有时候，出现的情况很怪异，不过多半只

是很“正常”的痛。持续的疼痛起先出现于已切除的部位，随后可能扩散到仍然存在的手脚处。

从第一次出版本书至今，我已经收到这类患者寄来的许多封精采的信：有位患者说到，那只“鬼脚”的趾甲长到肉里，让他很不舒服，因为医生在截肢前，并没有帮他的病脚剪趾甲，这个现象已持续多年了。不过疼痛的状况仍有别于正常的趾甲向内生长，那种痛是痛到了骨子里；或者像坐骨神经痛，还伴随着严重的椎间盘突出，只有把那突出的椎间盘除去，疼痛才会消失。像这样的问题，并不罕见，也不是患者凭空想象，可能需要进行神经生理方面的详细检查。

所以，乔纳森·科尔医生（Dr. Jonathan Cole）（他是我以前的一个学生，现在是脊髓神经生理学家）就描述过一位妇人，常年饱受腿部幻影的疼痛，后来用利多卡因麻醉脊椎韧带，可以使幻影得到短暂的麻痹（实际上是消失）。不过随后以电刺激脊椎末梢，却在幻腿上产生了清楚的刺痛，不同于往常的隐隐作痛。相反，刺激脊椎较高处，却能减轻幻影的疼痛。而科尔医生也详细描述了对某位病人进行电疗研究的细节（这位病人罹患感觉多发性神经病变长达14年之久），在许多方面与第三章的主角克里斯蒂娜所遭遇的十分相似。

第七章　麦格雷戈的平准眼镜

他大声宣布：“没错，医生，我有办法了！
我不需要镜子，只需要一个平准器。
我不能用脑子里的平准器，
但为什么不能用脑袋外头的呢？
用我看得到的平准器，
用我的眼睛目测，这样不是很好吗？”
他把眼镜摘下来，在眼镜上仔细比划，笑逐颜开。

从我第一次在圣敦士丹（St. Dunstan）的神经科医院见到麦格雷戈先生至今，已经9年了。那是家老人医院，我在那儿工作过一段时间。不过我还记得他，他的模样没什么改变。

“怎么了？”当他进入诊疗室时，我问他。

“怎么了？没怎么样啊。至少我不觉得有问题，不过别人一直说我身子歪一边：‘你好像比萨斜塔，’他们说，‘再斜一点，你就会倒下来了。’”

“可是你没有这种感觉？”

“我觉得很好啊。我不晓得他们指什么。我怎么会歪着身子，自己却不知道？”

“听起来是挺奇怪的，”我同意，“我们来看一下。你站起来，走两步路让我看看，就从这里走到那面墙、再走回来。我来看，也要你自己看看。我们来把你走路的样子录下来，然后放出来看看。”

“我也是这么想，医生。”他说，然后经过一番努力，终于站了起来。

多么硬朗的老先生啊，我心里想。他已经93岁了，可是看起来不过70岁。神采奕奕、头脑清楚，大概到了100岁都还会如此。而且身子骨看起来还像个矿工似的健壮，虽然有点儿帕金森症，但没啥妨碍。他踏出步伐，非常自信，而且健步如飞，但是却斜一边，差不多有20度角，整个重心往左倾，差一点就无法保持平衡。

“到了！”他说，脸上还露出了满意的表情，“看吧！没问题。我走起路来直得像根电线杆。”

“真的吗，麦格雷戈先生？”我问他，“我希望你自己来判断一下。”

我把录像带倒回去再播放。当他看到自己在屏幕上的样子，着实震惊不已。他目瞪口呆，嘴里喃喃说道：“该死！”接着又说，“他们说得没错，我是歪向一边。从这里我可以看得很清楚，可是我并没有意识到，一点感觉也没有。”

“这就是了，”我说，“这就是问题的症结所在。”

失去了才懂得珍惜

因为我们有五种感官知觉，所以我们能赞美、认知、欣喜，有了感官，外在的世界才有意义。但除此之外，还有其他的感觉，如神秘的感觉或第六感（如果要这么说的话），也同样重要，却不被察觉，也容易被忽略。这些感觉是没有意识、自然反应的，需要刻意去发现。

从历史上来看，它们被发现的时间也比较晚：维多利亚时代的人，笼统地称之为“肌肉的感觉”，这种对于躯体与手足之间相对位置的认知，是来自关节与肌腱之间的感应官能。一直到1890年，才对它们下了清楚的定义（称为本体感受）。靠对这个感应机制的掌控，我们的身体才能协调得好，并且保持平衡。这些功能是到了本世纪才被定义清楚，不过仍然有许多未解的谜。

或许要到了外太空，一边享受没有地心引力的生活，一边忍受它所带来的不便时，我们才会真的感谢控制我们身体动静行走的内耳、前庭，以及其他隐而未见的感受器官和反射机能。不过一般人平常根本不会觉察到它们的存在。

然而，一旦它们真的不见了，影响却相当地明显。这些被忽视的神秘感觉如果功能上出现缺陷，或是被扭曲了，我们会强烈地体验到一种奇怪、几乎无法与外界沟通的状况，那种感觉跟瞎了或聋了没有两样。如果完全把本体感受排除，可以说，身体将是瞎的或聋的，身体将不再“拥有”它自己，而人也不再感觉到自己就是自己（见第三章）。

眼前的老人一时之间变得相当专注，眉头深锁、嘴唇紧闭。他站着一动也不动，陷入沉思。我很喜欢观看这幅景象：患者在一窥真相的一刹那，震惊之余，又觉得好笑。第一次真正了解到毛病出在哪里。同时，决心要好好对付它。这一刻，就已经是治疗的开始了。

“让我想想，想想看。”他念念有词，有点儿自言自语。将两道浓浓的白眉皱了起来，用他嶙峋有力的大手，搓着眉骨上的每一点。“让我想想看。你跟我一起想，一定有个答案的！我往一边歪斜，但是感觉不出来，对不对？”他停了一下，“我以前是个木匠，”他说，脸上又浮现出光彩，“我们会用水准仪来看看木头的表面是不是平的，是不是歪了一些。脑子里有类似的平准器吗？”

我点头。

“会不会是因为帕金森症而损坏了？”

我又点头。

"我的状况是这样吗？"

我第三次点头，连连应道："没错、没错、没错。"

大脑里的控制系统

谈到平准器，麦格雷戈提出了一个基本的模拟方案，可以比拟脑中不可或缺的控制系统。

内耳的构造就其实质或寓意上来看，就像平准器，内耳迷宫[1]中有半圆形的管道，里头有一直受到监控的液体。不过出问题的地方不在这里，而是他的平衡机制、身体对自身的感受，以及身体对外界的"视觉图像失灵了"。麦格雷戈简单的比喻，不只可以用在内耳的平衡，也可以用来比喻三项神秘感觉的复杂整合：内耳迷宫、本体感受与视觉。帕金森症患者受损的部分就是这种综合机制。

对这项整合机制最深入、也最实用的研究，也同时探讨了帕金森症中这样的机制被分散的情况，是由已故的伟大的博登·马丁医生所做，记载在其精采的著作《基底核与姿势》里（该著作于1967年初版，但后来几年陆续有改版与增添，他去世之前完成一个新的版本）。谈到大脑中这项整合的功能或整合的机制，他写道："脑中必定有一个中心，或更高的'权威'；或者说某种'控制中枢'。它会收到身体是否处于平衡的状态的消息。"

在讨论"倾斜反应"（Tilting Reactions）那一部分，马丁强调如果要保持稳定、笔直的姿势，需要三方感觉一起运作。他也指出，帕金森症患者常会有平衡感不协调的时候，特别是因为内耳部分的功能常比本体感受和视觉更早失去。这三方的控制系统，可以说是一方感受、一方控制，而且可以互补，虽然不是全部可以（因为感觉的能力还是有所不同），但至少有部分能互补，并发挥相当的作用。

视觉的反射和控制，通常可能是最不重要的。只要我们的内耳前庭与本体感受系统能够作用，即使闭着眼睛，我们还是可以保持平衡。闭上眼睛，我们并不会因此就身子歪向一边，或是跌倒。但是平衡已经不稳的帕金森症病人却可能如此（常可以看到帕金森症患者坐着时，偏斜得厉害，他们自己却毫不知情。不过只要放一面镜子在眼前，他们就会知道，而且立刻坐直）。

想到一个好主意

本体感受，在相当程度上，可以弥补内耳的缺陷。所以动手术除掉内耳的人［有时候是为了解除严重的美尼尔氏综合征[2]（Ménière's Disease）造成的痛苦晕眩感］，虽然刚开始会站不起来，连踏出一步都有困难，后来却能学习使用并增强他们的本体感受，尤其是去使用两边背侧肌肉上广布的感受器，作为取得平衡最好的机制。这两侧的本体感受器，就好像长在身体两边的大翅膀。一旦患者熟练了，成为他们的第二本能，就能够站立、行走。虽不完美，但已经够安稳、够自在了。

马丁设想得非常周到，又具有创意。他设计了各式各样的方法和工具，让即使是最严重的帕金森症患者，也能够靠着外力帮助，取得正常的步履和姿势。在这方面，他也经常从患者身上得到启发（他那本伟大的著作正是献给他的患者的）。他是人类伟大的先驱，这样的思想是他医学知识和作为的中心：患者与医生是平等互惠的，站在同一地位，从彼此身上学习，也互相帮助，由此对疾病获取新的了解和治疗之道。不过，就我所知，对于像麦格雷戈先生这样，平衡感与前庭反射受损的问题纠缠在一起的患者，马丁并没有设计出对应的辅助器材。

“问题就是这样，对不对？”麦格雷戈先生问我，“我没办法用我脑子里的平准器，也没法子用我的耳朵，不过我可以用眼睛。”带点恶作剧和实验的味道，他把头歪向一边说：“现在看起来正常了，世界没有倾斜。”然后他要求照镜子，我把一面长镜推到他面前。“现在我看到自己是歪的，”他说，“现在我可以站直了！或许可以保持直挺的。但我不可能活在镜子里，也不能走到哪里，镜子就跟到哪里。”

他再度陷入沉思，皱着眉头专心思考！接着一下子又是一副了然于胸的表情，嘴角扬起笑容。“我有办法了！”他大声宣布，“没错，医生，我有办法了！我不需要镜子，只需要一个平准器。我不能用脑子里的平准器，但为什么不能用脑袋外头的呢？用我看得到的平准器，用我的眼睛目测，这样不是很好吗？”他把眼镜摘下来，在眼镜上仔细比划，笑逐颜开。

“这里，举个例子，可以放在我眼镜的镜片边缘，它可以告诉我，告诉我的眼睛，我是不是歪掉了。我起先要费神留意，可能会相当辛苦。但过一阵子就会习以为常，很自然地做了。好啦，医生，你的看法如何？”

“这点子实在太棒了，麦格雷戈先生，咱们来试试看。”

造福患者的独家眼镜

原理很简单，要做出道具来还是有点麻烦。我们起先尝试用个钟摆一样的东西，从眼镜框上垂下来，但这样离眼睛太近了，近得几乎看不见。后来，得到我们眼科医生和器材室的帮忙，我们做了个夹子，从眼镜贴着鼻梁的地方伸出去，大约两个鼻子远，夹子的两边各装了一个微型平准器。

我们设计了不少模型，都经过麦格雷戈的试验与修正。几个星期之后，基本的模型已经做出来了，是一副平准眼镜。“前无古人的一副！”麦格雷戈说，带着志得意满的表情。他把眼镜戴上。看起来有点笨重，而且怪异，不过不会比当时市面上连着眼镜的助听器怪到哪里去。

现在，一幅奇异的景象就要出现在眼前了。麦格雷戈戴着他发明的平准眼镜，眼珠子死盯着不动，好像一个舵手看着船上的罗盘一样。而这的确发生了效用，至少他的身躯不再倾斜了。这是个不能停下来，而且很累人的练习。然而，经过了此前几个星期的折磨之后，就越来越容易。他已经可以无意识地盯着他的“工具”看，就像开车的人可以用一只眼睛看着仪表板，还能够自由自在地想事情、聊天、做别的事。

麦格雷戈的眼镜在圣敦士丹医院掀起了一阵流行。我们有几个帕金森症病人，也是平衡反应与姿势反射功能受损，这样的毛病不仅棘手，也不容易治疗。很快地，就有第二个病人、第三个病人，戴上了麦格雷戈的平准眼镜，而且他们现在都跟他一样，可以走得笔直。

*　　　　　　　注释　　　　　　　*　　　*

1. 内耳由一些埋藏在坚硬骨头里面的弯曲管道和囊组成，结构复杂，管道盘旋，形同迷宫，因此叫内耳迷宫。——编者注

2. 一种特发性内耳疾病，由于内耳的膜迷路发生积水，以致出现发作性眩晕、耳鸣、耳聋、头内胀痛症状的疾病。

第八章　左边怎么不见了

不管是对周围的世界，或自己的身体，
她已经完全失去“左边”的概念了。
有时候艾斯太太埋怨餐点太少了，
其实是因为她只吃了盘子里右半边的食物，
她不会想到还有左半边。
偶尔，艾斯太太也会涂涂口红，
在右脸上妆，却完全忽略了左脸，
因为她的注意力无法移转到左边。

艾斯太太禀性聪慧，她 60 岁那年，得了中风，以至于影响到右大脑。不过她还是像过去一样聪明和幽默。

她有时候会向护士抱怨，说她们没有把点心或咖啡放在她的盘子里。护士会说："可是，艾斯太太，东西就在那里呀，在左边。"艾斯太太好像没办法了解护士说的话，也不会往左看。如果她的头稍稍转一下，点心映入了右眼帘，也就是她脑子还保有正常功能的那半边，艾斯太太就会说："喔，看到了。但它刚才不在这里。"不管是对周围的世界，或自己的身体，她已经完全失去"左边"的概念了。有时候艾斯太太埋怨餐点太少了，其实是因为她只吃了盘子里右半边的食物，她不会想到还有左半边。

偶尔，艾斯太太也会涂涂口红，在右脸上妆，却完全忽略了左脸。要顾及左脸已经不可能了，因为她的注意力无法移转到左边，除非医生或别人提醒她，不然她不会察觉有什么不对劲。她对此能够理解，也觉得好笑，却无法靠自己直接察觉。

向右转、再向右转

因为智力和认识上很清醒，艾斯太太也很清楚是怎么回事，她找出了一套对策来应对自己的毛病。她无法往左看，也不能向左转，所以她的办法就是向右转，而且是整整向右转一圈。经她的要求，医院提供了一台能转圈的轮椅。现在，如果她找不到某些她知道应该放在那里的东西，她便开始向右转圈，直到瞧见了为止。当她发觉找不到咖啡时，这招很管用。

盘中的餐点看起来分量太少时，她也向右转，转到原先没看到的那一半出现时才停下来，然后把它们吃掉，或者说，把其中的一半吃掉。这样，她就不会那么饿了。不过，如果还是没吃饱，或是她想到，自己可能只吃了原先不见了的那一半的一半，那么她就再转第二次，直到看见了那剩下的四分之一才停下来，再吃掉一半。通常这样也就够了，毕竟已经吃掉八分之七的食物了。但，如果哪一天饿得特别厉害，或者嘴馋，她可能还会再转第三次，再吃掉那剩下的十六分之一的食物（当然，盘子里还留了剩余的十六分之一）。

“实在挺荒唐的，”她说，“我好像芝诺（Zeno）的箭[1]，永远到不了终点。看起来可能很滑稽，不过在这种状况下，我还能怎么办呢？”

照理来说，直接转盘子应该比把自己弄得团团转来得简单。她也同意，而且尝试过，至少是试着去做。奇怪的是，她做起来很难，不像在轮椅上转圈那么顺心。这是因为她的视觉、注意力、条件反射与本能的运动，如今都已彻底且直觉地向右倾斜了。

化妆只化了半张脸

她最感到挫折的，是化妆都只化了一半，左脸因没有涂口红与腮红，惹来别人的嘲笑。“我照着镜子，”她说，“看得到的地方都上妆了。”于是我们想：是不是有哪种镜子，可以让她从镜子右边看到左边的脸？如果有的话，那么这面镜子就不是“照着”她，而应该是像别人“看着”她一般。

后来我们尝试录像系统，用摄影机和屏幕对着她，结果很可怕，而且怪异。因为，把放映机的屏幕当镜子使用，她是从右边看到左边的脸。即使是一般人，这种经验都足以把人给搞迷糊（就像有人想对着录像机的屏幕刮胡子一样），对她来说，更是难上加难。因为中风之后，她所看到的左脸跟身体已失去感觉，对她而言，它们等于不存在了。

“把它拿走！”她感到迷惘、受挫，不禁哭了起来，所以我们就不再进一步尝试了。不过有点可惜，因为格雷戈里医生也曾经往这个方向思考过，认为通过录像系统来帮助半边无注意力或左半边消失的病人，应该是大有可为的。但这种方式，在物质世界（其实也相当形而上）里却又太让人困惑，只有通过实验才能证实能否行得通。

后记

计算机及计算机游戏（1976 年我认识艾斯太太时，尚未出现这些东西），可能对于一边失去功能的病人相当有用，可以帮助他们寻找“失去”的那半边，或者教导他们自己去找。

我在 1986 年曾经以此为主题，拍了一部短片。

在本书第一版时，我没有提供一本非常重要的参考著作：《行为神经学原理》（1985 年于费城出版）。现在，我忍不住要引用该书编者对于“忽略症”所做的一段精采描述：

忽略症严重的时候，患者的表现看起来，就像宇宙的半边突然不再以任何形式存在……。半边忽略症的病人，不只表现得好像左半边什么事物也没有，也好像那一边完全不可能出现任何事物了。

* 注释 * *

1. 芝诺（约公元前 490~ 前 430），古希腊哲学家，有否认运动的“两分法”、“飞矢不动”等悖论。——编者注

第九章 谎言不侵的世界

我有时候会觉得，撒谎骗不了失语症患者，
因为他无法掌握你话语的意思，
所以无法用言词欺骗他们；
而他所捉住的信息，却准确得不得了，
也就是通过那些伴随着语言而来的表情，
那些常常不由自主地显露出来、
无法模仿或造假的表情，来判断你是否可信。

发生什么事了？总统的演说才刚开始，失语症的病房区就传来哄堂大笑，而这些人不是都热切地想听总统讲话吗？

就是他，那个迷人的老家伙，原本是个演员（译注：指美国前总统里根），借着他那口若悬河、博古论今、引人入胜的言谈，所有的病人都被逗得哈哈大笑。不过，也不能说是全部的人：有几个人一副神色茫然的样子，有些人看起来很愤慨，还有一两个人似乎若有所悟，不过大部分的人看起来都挺愉快的。

总统还是像以前一样能打动人心，不过能打动他们，显然是因为他能引人发笑。这些病人的脑袋里在想什么呢？他们能理解总统说的话吗？或者，他们可能是太了解他了？

一般人都以为这类病人，有严重的失语症，无法了解语言的意义，但是他们却能够知道别人对他们说的话的大部分意思。熟悉他们的朋友、亲戚或护士，有时候很难相信他们患了失语症。

原因是，当他人自然地表达时，他们能抓住话语中某些或大部分的意思。而人当然是正在“自然地”说话。

所以，要揭露他们失语的症状，必须要像神经科医生一样，用不自然的方式说很长一段话，以除去所有外在的线索，包括抑扬顿挫、声调、重音或声音变化，还有所有的视觉线索，例如，表情、手势、人所有不自觉的表达方式与肢体动作。必须把这一切都拿掉，把说话转化成最纯粹的字句。这意味着可能要把说话者的性格隐藏起来，让声音不带人性，甚至像计算机在说话。让话语完全没有弗雷格（Frege）所称的“声音的表情”或“情绪的波动”。碰到最敏锐的患者，只有用这样几乎是不自然的、机械的话语来测试，就如同《星际迷航》（*Star Trek*）里的计算机所发出的声音，才有办法完全确定他们是否得了失语症。

从语调听出隐藏的情绪

为什么要这样做？因为语言（自然的语言），不仅仅包含字词，还包括了说话的方式。我们是用整个人来表达全部的意思。而要了解这些话，所需要的信息远远多于只是了解表面上的字词。失语症患者便是从中得到线索，即使他们完全无法理解字句的意思，还是可以知道别人在说什么。即使对词句本身，例如句子结构等等，可能不知其所以然，但是说话时人们通常充满了“语调”，那是种超越语言的表达，虽然失语症患者了解字句的功能已经完全丧失了，却还保留了对这些深沉、多样复杂、细微的表达方式的理解能力。他们不只是保有这种能力，很多时候还能更进一步，即不寻常地得到增强。

那些跟患者一起工作或同住的人，比如他们的家人、朋友或医护人员，在一些令人惊异，或者让人发笑、戏剧化的情况下，更能观察到这种现象。起初我们或许看不到什么太了不起的事。但接着就看到了很大的改变：他们理解语言的能力，甚至出现了大逆转。没错，有些能力是失去了、遭到破坏了，但替代的能力也出现了，而且功能大为增强。所以，即便每个字都莫名其妙，病人还是有可能掌握完整的意思。

上述这种现象，似乎把灵长类动物的秩序翻转过来。翻转，或者也可说是一种回归。转向更原始、更基本的方式。或许这正是杰克逊用狗来比喻失语症患者的原因（这种比喻可能会让双方都不太高兴）。不过当他打这个比方时，主要是想到狗无法用语言沟通，而不是想到狗非常敏感，几乎能够正确无误地捕捉到语调与感情的信息。黑德在这方面的观察就比较敏锐，在他的失语症诊疗纪录上，就谈到了“有感情的语调”，并且特别指出患者如何保持这方面的能力，同时不减反增的现象。

表情泄漏了真相

我有时候会觉得，谎言骗不了失语症患者；所有跟这些患者互动的人，也有同样的感觉。因为他听不懂，所以无法用言词欺骗他们。而他所捉住的信息，却准确得不得了，也就是通过那些伴随着语言而来的表情，那些常常不由自主地显露出来、无法模仿或造假的表情，来判断你是否可信。

我们从狗的身上可以发现这点。因此，当我们对人有所怀疑、无法信任自己的直觉时，就常用狗来找出别人有无欺骗、敌意或可疑的企图，让我们得知谁是可以信任的，谁是前后一致的，谁是老老实实的。

在识人这方面，狗能做到的，失语症患者也可以，而且更人性化，理解的层次也比狗高了许多。“人可以用嘴巴说谎，”尼采写道，

"但说话时脸上的表情，却透露了真相。"这类脸部的扭曲表情，或任何肢体动作、姿势所泄露出来的虚假、不合时宜的举措，都逃不过失语症患者锐利的眼睛。

如果他们的眼睛看不见，他们的耳朵则不会错失任何声音上的变化，可以查验声调、节奏、抑扬顿挫、音乐、最细微的变调、转折或高低起伏等。这些变化能让一个人的声音富有表情，也可以让声音显得呆板单调。

这些变化，赋予患者理解的力量。这样的理解不需要通过语言，也不受言语真伪的影响。因此正是这样的假面具、装腔作势的模样、与事实不符的姿态，尤其是格外做作的声调与抑扬顿挫，让这些无法说话却十分敏锐的患者，体验到当中的虚伪。

引起我那些失语症患者反应的，是那些极度花哨的用语，甚至是怪异的不协调与不恰当。把话说得再漂亮，他们也不会上当。这就是为什么他们听总统说话时会发笑了。

如果说谎骗不了某些失语症患者，是因为他们对表情、声调特别敏锐，那么我们可能会问：那些对于声调、表情没有感觉，却能完全理解字句的病人，也就是完全相反的类型，又会是如何？我们也有这样的患者。这些人还是被归在失语症病房区，虽然从医学上来看，这些人并不是失语，而是一种"失认症"，特别称为"音调失认症"。这些人主要的症状是他们声音的表情特质，包括声调、音色、感情、整个人的性格，都不存在了，但仍可以完全了解字句含义及语法结构。这类的音调失认症，跟大脑右颞叶的功能失调有关。相反，失语症的病源则在左颞叶。

在我们的失语症病房区里，有一位右颞叶上长了神经胶质瘤的患者，名叫艾米丽，她也听了总统演说。艾米丽以前是英文老师，也是小有名气的诗人，对于语言的感受特别敏锐，非常擅长分析和用言语传情，她也能够用相反的方式来说话，就像总统演说在音调失认症患者耳中听起来那样的呆板、毫无感情。

保持距离，不受蒙骗

如今，艾米丽不再能够分辨某个声调究竟是生气、高兴或者难过，她听不出任何一种感情。由于现在声音失去了表情，她必须盯着别人的脸，看他们说话时的神态、动作，那种费力与紧张的情况，是她过去所不曾经历过的。即使是这样，老天还是不放过她，她还罹患了恶性青光眼，视力退化得很快。

到了这个地步，她发现自己得特别留意字与句的用法，要力求精确，并且坚持周围的人也要如此。她越来越难理解结构松散的话语或俚语，因为这类话语通常带着隐喻或玄机。艾米丽也一再要求和她对话的人要说白话文，特别是“在适当的地方说适当的话语”。她发现，平淡无奇的说话方式，多少可以弥补无法感受声调与情感的遗憾。

通过这样的方法，她能够保持，甚至是增加了使用“表达式”语言的能力。运用这种方法，语言的意义完全来自适当的反应与字句的推敲——纵然她已逐渐失去“挑动性”语言的能力（指的是声调的运用与感受）。

艾米丽也听了总统的演说，不过是面无表情的。演说内容经由她那部分产生障碍，却也部分地发生增强的理解力来消化，而理解的方式与失语症患者恰恰相反。总统的演说无法让她感动，现在已经没有什么话能让她感动了。所有打动人心的话，无论是真心或假意，对她来说犹如耳边风。

失去了对情绪的反应，她是不是就变得糊涂或容易受骗？才不是这样呢！“总统的话无法令人信服，”艾米丽说，“演讲内容单调乏味。用字遣词不精确。他不是脑袋有问题，就是想隐瞒一些事。”看来，总统的演说对艾米丽也没效果，因为她对于语言正式用法的感觉增强了，那种辨识能力，不逊于失语症患者不受语言影响，而对声调有强烈感受的能力。

总统的话无法讨好任何人。我们正常人，带着想被愚弄的心态，就真的被愚弄了。我们的语言里充满了不老实的语句，再加上虚伪做作的声调，只有脑部受伤的人能对此保持距离，不受蒙骗。

*

*

第二部　过度：激情过分燃烧

*

所有“过度”的情况，都可能变得很可怕，
完全不按常理出牌，而且错误百出：
例如运动机能过度，可能演变成运动机能错乱，
也就是不正常的肢体动作，像是舞蹈症、抽搐症等；
而热情过度，则会变成暴力的情绪。
这种介于疾病与健康之间、一体两面的矛盾，
是自然界的一种诡计与讽刺。
它让人觉得很健康、很幸福，
却在后来露出潜在狰狞的本质。

*

*

导言

生命中无法承受之丰沛

我们之前说过，“缺陷”是脑神经学最喜欢用的字眼，实际上，这只是一个形容任意功能受到干扰的词。无论功能（就像电容器或保险丝）是健全或者有缺陷、失常，神经系统本身其实是一套负责容量与传导的系统，在它的运作上，还存在着哪些可能性呢?

如果不是缺陷，而是相反的功能过多或过量呢？对于这种状况，神经学没有命名，因为缺乏相关的概念。功能或功能系统，向来被认为只有运作或不运作这两种状况。所以，属于“精力充沛”或“生产力过高”的问题，可以说是挑战了基础的神经学概念。不用说，这也是为什么此类病症普遍而恼人，值得重视，却一直没有得到应有的关注的一个原因。

提到亢奋和生产力过高时，人们把它当成精神疾病，例如过度幻想、冲动性的行为或狂躁症。当说到这类病人生理上的物质过多或畸形时，就又变成解剖学或病理学的领域，认为是畸胎瘤所造成的。然而，却欠缺从生理学的角度而来的解释，因为生理学不讨论畸形或狂躁。单就这一点，就足以显示出我们对于神经系统最基础的概念与看法严重不足；我们把神经系统看成一部机器或计算机，事实上，还应该以更生动、更灵活的方式来看待它。

过度所造成的失调

单是看功能不足的病症时，还不会明显感觉到这种严重的缺憾。我们在第一章中所谈的都属于功能受损型的病症。然而，一旦开始谈到过度的问题时，马上就看得很清楚。不是失忆，而是过度记忆；不是失认，而是过度辨识（译注：因认知能力过度旺盛，以至于产生感觉之曲解，甚至妄想的情况）；还有其他想得到能够冠以“过度”字眼的病症。

古典派的杰克逊派（Jacksonian）神经学理论，从未思考过因“过度”带来的功能失调。所谓的过度，指的是功能太过充分或是不断萌发新的功能。没错，杰克逊自己曾经提到过“过度生理”及“超正向”的状况。但说到此处，我们不得不说，他就不是那么认真对待了，而是当成一种好玩的现象，或只是把临床的经验如实地描述一番而已。这种症状跟他对于神经功能运作的理解并不相符（而杰克逊的特色，也就在于他并没有隐讳这种矛盾的现象，这使他的著作带着自然主义与严谨的形式主义兼顾的魅力）。

我们必须到当代，才能勉强找得到一位愿意思考“过度”这个问题的神经学家。卢瑞亚的两本临床自传，恰好两面兼顾：《破碎的人》谈的是功能丧失，《记忆大师的心灵》则是讨论功能过度。后者比前者更有趣，而且更具原创性，因为它可以说是一本探讨想象力与记忆的书（古典的神经学不可能探讨这样的题目）。

我在《觉醒》一书中也谈到：使用左旋多巴（L-Dopa）之前是严重的功能不足症状，肌肉麻痹、无意志力、衰弱、无力等；使用之后，过度的现象则同样恐怖，运动机能亢进、肌肉过度活动等。介于两者之间才是一种内在的平衡。

我们从中看到一套新的表叙与观念：它们谈的不只是功能，如冲动、意志、精力等，而是基本上从动态的角度（古典神经学主要是静态的）来看问题。在《记忆大师的心灵》一书中，我们看到更高秩序的动态形式在活动，几乎无法控制的联想与想象不断爆发出来，思想像洪水猛兽般地涌现，好像心灵长了畸胎瘤，而书中那位过度记忆的患者，则将此现象称为“它”。

不过用“它”来称呼，也还是太机械化了。“萌发”比较能说明整个过程中那种停不下来的活泼特质。在《记忆大师的心灵》一书中，或是在我那些使用了左旋多巴而精力过度旺盛的病人身上，都可以看到一种过分充沛的活力，非常的野性，甚至疯狂。那种情形并不仅是过度，而是一种有机的增殖或增生。也不只是不平衡或功能失调，而是全然新生的失序状态。

探索心灵的生命力

失忆症或失认的例子，或许会让人认为那只是功能或能力受损，但从过度记忆或过度辨识的患者身上，却看到我们的记忆力与辨识力，内在是极为活跃，且随时随地在增生繁衍。这样的能力不只与生俱来，还隐藏了相当强的破坏力。也因此我们不得不从功能神经学，转向活动神经学、生命神经学。过度型的疾病，促使我们走向这一步。没有这一步，就无法开始探索“心灵的生命力”。

传统的神经学，由于其机械性及强调的重点在于功能不足的部分，我们无法从中得知所有脑部功能自发性的生命状态。而这样的生命，至少在想象力、记忆力与认知能力上是存在的。传统的神经学让人看不到心灵的生命力。而我们接下来要探讨的，就是这一类心灵生命力产生错置的现象。它们通常都是处于一种活动增强的状态，而且每个个案都有所不同。

增强的结果，有可能是正常的丰富与充沛，却更可能是过度、脱轨或畸形等不妙的情况。在《觉醒》一书里，不断出现的就是一种过了头的问题：病人因为过度兴奋，变得无法协调与控制自己。他们的冲动力、想象力与意志都变得太强，生物性的部分，犹如脱缰野马一般。

这样的危险，存在于生命与生长的本质当中。生长可能变成了过度生长，生命成了“生命力过于强盛”。所有“过度”的情况，都可能变得很可怕，完全不按常理出牌，而且错误百出：例如运动机能过度，可能演变成运动机能错乱，也就是不正常的肢体动作，像是舞蹈症、抽搐症等；过度辨识差不多都会因高度活动的感官，而导致辨识错乱，即病态性地提升感官的倒置或幻象等；而热情过度，则会演变成暴力的情绪。

这种介于疾病与健康之间、一体两面的矛盾，是自然界的一种诡计与讽刺。它让人觉得很健康、很幸福，却在后来露出潜在狰狞的本质。它也迷惑了许多艺术家，特别是那些将艺术与病态等同视之的人。这类结合了享乐、肉体快感与邪恶的主题，不断出现在托马斯·曼[1]（Thomas Mann）的作品当中，从颠狂至极的《魔山》（*The*

Magic Mountain）到《浮士德博士》（*Dr. Faustus*）中病态的灵感，以及最后作品《黑天鹅》（*The Black Swan*）所呈现的淫乱之恶，都是如此。

美好的表象之下暗藏危险

如此讽刺的情况，总是让我玩味不已，也曾撰文探讨。在《偏头痛》（*Migraine*）一书中，谈到的就是在攻击行为出现之前，或刚出现时的亢奋状态。引用艾略特（Eliot）的话，就是一种“美丽的陷阱”的感觉。这种感觉，对于艾略特来说，常常是攻击行为出现的征兆或前兆。“美丽的陷阱”讽刺的地方在于：它恰恰表达了感觉“太好”时，可喜、可怕同时存在的矛盾。

感觉“很好”时，自然是没有理由抱怨。人总是乐在其中，这种感觉离抱怨最远。人们只会念叨不舒服的感觉，而不会埋怨太舒服。除非像艾略特一样，他们也暗暗感觉到有点“不对劲”或危险。他们能察觉，若不是经过知识或联想，就是因为那种好的感觉实在好得太过头了。所以，虽然病人很少会抱怨他们“太好了”，但真有这种太好的感觉时，他们也会觉得不安。

这就是《觉醒》的中心主题，而且可以说颇为残忍，因为病人缠绵病榻数十年，毫无知觉，突然发现自己奇迹似地好了，更有甚之，好过了头，反而落到一种奇怪、痛苦的地步，身体的功能敏锐得超乎平常。有的病人能够了解，会有预感，但有些人不会。罗斯在恢复健康之初兴奋地说：“太神奇了，太妙了！”但当事情演变到不可控制时，她说："不能再这样下去，再下去就要出乱子了。"

同样，其他大部分的人或多或少也有这种自知之明。就像伦纳德，当他从健康饱满转向过度时，原来充沛的活力与健康，就变得太旺盛，成了无法节制的情况。原本和谐、自在、不用费力就能自我控制的感觉，被一种太过充沛的感觉所取代，像是精力过剩、(各种)巨大压力，几乎要把他给碾碎了。

这种"痛并快乐着"的情况，都是过度的病症所带来的。有自知之明的患者，也会因此充满了疑惑与不知所措的感觉。"我的精力太旺盛了，"有位妥瑞氏症患者这么说，"做每样事情都太容易、太有力、太充沛了。那是种不健康的精力，病态的表现。"

尝到甜头时亦备受威胁

"美丽的陷阱"、"病态的光辉"，骗人的安乐感之下，暗藏危机。不管原因是出自天生的化学物质失调，或是后天对某些兴奋物质上瘾所致，过度症带给人们的都是甜头与威胁并存的陷阱。

在这样的状况下，人类所面临的是一种非比寻常的两难：这类患者所面对的疾病，就像上瘾一样，它们远不适用于那些疾病是痛苦、折磨人的传统看法。而且没有人，绝对没有人，能够避免如此怪异、令人羞于启齿的困境。在过度所导致的失调病症中，会有一种类似依赖的现象产生，也就是说，患者会逐渐加深对于疾病的依赖与认同，以至于除了病态本身，他几乎失去了独立性，整个人的人格成了疾病的附属品。

在本书第十章中，那位鬼灵精怪的小雷就表达了他在这方面的忧虑。他说：“除了不自主的抽动，我一无所有。”而他也会像想念老友般地怀念这种病症所带来的心灵勃发。对他来说，因为他的自我意识很强，强过他所罹患的症状，所以在现实生活中，他不会有失去自我的危险。但是对于一些自我较弱，或是自我发展不完全的病人而言，就真的存在着这种取代与被取代的危机。在第十四章中，我会有更详细的说明。

* 注释 * *

1. 托马斯·曼（1875~1955），德国小说家和散文家。1924 年发表长篇小说《魔山》。1929 年获得诺贝尔文学奖。他是德国 20 世纪最著名的现实主义作家和人道主义者。

第十章　鬼灵精怪的小雷

第一次见到小雷时，他 24 岁，
几乎无法正常行动，因为每隔几秒，
他就会剧烈地抽搐好几下。
他最著名的是突发而又狂野的即兴表演，
那有可能是出自抽搐或不自主的击鼓动作，
却能够一下子变成一段美妙、狂热的演出。

1885年，沙尔科（Charcot）[1]的学生妥瑞（Gilles de la Tourette）医生描述了一种惊人的病症，后来该症以他的名字来命名。“妥瑞氏综合征”（Tourette’s Syndrome）马上就广为人知，主要的症状包括大量夸张的怪动作与怪念头：抽搐、痉挛、坚持某些习惯、做鬼脸、发出奇怪的声音、无意义的谩骂、不自主的模仿，以及各种强迫性的行为。同时也具有鬼灵精怪的幽默感，以及滑稽又与众不同的表演天分。

最严重的妥瑞氏综合征（下文简称为“妥瑞氏症”），还会影响生活的每一方面，感情、直觉、想象力等。而在普遍的情况，可能只有一点儿不同于常人的动作或强迫性的行为，不过，即使是这样，还是带着奇怪的色彩。

到19世纪末时，这个病症已广为人知，案例也相当多，因为那几年间，神经学的触角相当广泛，也勇于尝试结合生理与心理的理论研究。妥瑞医生与他同辈的医学界人士都很清楚，这样的症状，是某种原始的冲动和需要难以控制的结果。但它也有生理上的原因，非常确定的（即使还未找到病源）是神经性失调。

妥瑞的第一份医学报告发表之后，关于这个病症的案例几年内就出现好几百个，而且没有两个个案是完全一样的。显然，此病症的症状有的轻微温和，有的却非常怪异而剧烈。同样可以明显看到，有些患者能与妥瑞氏症和平共处，将之纳入宽广的人格特质的一部分，甚至能因它带来的快速思考、联想与创意而受益，但也有些患者完全被病症控制了，几乎无法在巨大的压力与错乱的妥瑞氏症冲动中，找到真正的自我。就像卢瑞亚医生对过度记忆症患者的形容：这个病症永远存在着“它”和“我”的斗争。

逐渐被遗忘的疾病

沙尔科和他的学生，包括弗洛伊德、巴宾斯基和妥瑞，可以说是最后一批将身体和灵魂、“它”和“我”、神经学与精神医学进行平行研究的专家。20 世纪之后，这两者开始分道扬镳，变成了没有灵魂的神经学和没有身体的心理学。在这种情况下，任何对妥瑞氏症的了解都消失了。

事实上，妥瑞氏症本身似乎也不见了，在本世纪的上半叶，几乎看不到这方面的病例报告。有些医生因为该病症的患者拥有多彩多姿的想象力，将这种病视为神秘现象，而大多数的医生则听都没听过。那种情形，就如同 20 世纪 20 年代的嗜睡病大流行的情景已经被大家所遗忘了一样。

嗜睡病被遗忘，跟妥瑞氏症被遗忘，有许多相似之处。两者的病情都很不寻常，奇怪得令人难以置信，至少不相信一般的药物会有效用。它们也难以被纳入传统的医疗架构之中，所以后来就被渐渐遗忘，神秘地“失踪”了。

不过，这两种病还有更密切的相关之处，从 20 世纪 20 年代所发生的情况当中可略窥一二。嗜睡病通常也会出现运动机能亢奋：患者在发病早期的阶段，会有持续升高的心理和生理的兴奋感、动作剧烈、抽搐，以及出现各样强迫性的行为。一段时间之后，他们被完全相反的病情所控制，整个人陷入催眠一般的昏睡。而我则在这群人沉睡了 40 年之后，才发现他们。

1969 年，我给这些嗜睡病人使用左旋多巴，它可以引发神经传导化合物多巴胺。这些病人脑中的多巴胺远比正常人低。病人因为左旋多巴而让病情全然改观。起先，他们从不省人事中清醒过来，成为健康的人。接着他们被驱向另一个极端，狂乱而动个不停。这是我首度体验到像妥瑞氏症的症状：狂野的兴奋、强烈的冲动，还常伴随了古怪、滑稽的特质。从那时开始，我开口闭口都是妥瑞氏症，虽然我还未真正见识过妥瑞氏症患者。

1971 年年初，一直密切关注着我那些“醒”过来的昏睡病患者的《华盛顿邮报》(*Washington Post*)，询问我的病人进展如何。我回答：“他们抽动个不停。”这个答案促使他们写了一篇关于“抽搐”的报道。报道刊载之后，我收到无数的来信，大部分我都转交给同事了。不过有位患者，我则答应要去看他，他就是小雷。

探访过小雷的隔天，我走在纽约市中心的街上，就注意到了三个妥瑞氏症患者。我感到困惑，因为据说这种病症十分罕见。我曾看过报道，差不多 100 万人当中才会出现一个，而我竟然在一个小时之内就看到了三个。我陷入了迷惘与惊奇的煎熬当中：有没有可能，是我长久以来一直忽略了他们的存在？不是没有注意到这类患者，就是把他们当成“紧张”、“疯狂”或“痉挛”而没有多加理会？会不会所有的人都忽略他们了？有无可能，妥瑞氏症并不罕见，反而相当普遍，比原先推测的更高上好几千倍？

妥瑞氏症“大联盟”

再隔一天，在没有刻意留心的状况下，我又在街上看到两个患者。这时候，我突发奇想：对自己说，假设妥瑞氏症患者其实到处都是，只是大家没有认出来，而一旦认出了，就会常常看到他们[2]。如果某位患者认出了另外一个，这第二位又认出第三位，第三位认出第四位，这么一直认下去，一直到全部的患者都被认出来。这群因疾病而结成的难兄难弟，成为我们当中的新族群，他们团结在一起，彼此认识、互相关怀，难道不会有一天，因为这样自然而然的结合，纽约就出现了妥瑞氏症的大联盟？

三年后，也就是 1974 年，我发现自己的幻想已然成真。妥瑞氏症患者的联谊会组织已经越来越健全。那时，该组织有 50 名会员，7 年之后，多达好几千人。如此惊人的成长速度，应该归功于联谊会本身的努力，虽然它只由患者和他们的亲友、医生所组成。

为了让人明白妥瑞氏症患者的困境，联谊会花了无数的心血。这番努力引起了公众的兴趣和关心，人们不再像过去一样嫌弃这种病症的患者，或对他们保持距离。联谊会也鼓励了各样的研究，从生理学到社会学都有，例如，研究患者脑部的化学物质，研究基因，以及其他致病的成因。还有探讨患者异常快速且照单全收式的联想与反应。也有关于病症原发时，及继续发展之后，所表现的本能与行为结构的研究，以及对患者的肢体语言和语言结构的研究，对于患者喜欢咒骂和开玩笑的特性，也有一些意想不到的发现（其他神经性失调的疾病，也会出现这种症状）。还有一项同样重要的研究，就是探讨患者与家人或他人的互动，以及他们的关系中可能出现的某些奇怪的矛盾与冲突。

妥瑞氏症患者联谊会傲人的成就，也成了妥瑞氏症病症史中不可或缺的一部分，因为医疗史上从未出现过在病人的带领下了解病症的情况，于是他们这个既活跃又企业化的组织，就成为他们寻求了解与治疗方法的最佳机构。

从存在的角度治愈病人

过去十年，主要在联谊会的倡导之下，研究的进展已获得明确肯定，妥瑞氏症的确有其生理上的因素。妥瑞氏症的“它”，就像帕金森症与舞蹈症中的“它”，反映了巴甫洛夫（Pavlov）所说的“下皮质层的未知力量”，指的是脑部掌管“行动”与“运动”的根源部分，产生了不稳定的现象。

在帕金森症中，受到影响的是动作，不是行为，而其干扰的位置是在中脑和其连接部分。舞蹈症患者的手脚常常出现无意义的乱舞，其问题出在大脑视丘中央的基底核。至于妥瑞氏症，则包含了亢奋的感情和情绪、行为上的直觉原始成分失调等症状，病因似乎在“旧脑”最高的部位，也就是丘脑、丘脑下部、边缘系统与杏仁体，这些部位决定了人格中的基本情感与直觉。可以说，妥瑞氏症在身体与心灵间，制造了“脱节”，而其情形差不多介于舞蹈症与狂躁症之间。

少数出现运动机能亢进的嗜睡症脑炎患者，和所有使用左旋多巴而从嗜睡症转为过度亢奋的患者，以及妥瑞氏症患者，或者任何患有妥瑞氏症的病人（无论是由中风、脑瘤、中毒或感染引起的），脑中似乎都有过量的刺激神经传导物，特别是多巴胺。看起来昏昏欲睡的帕金森症患者，需要多一点多巴胺来刺激他们，其原理就像嗜睡症病人被多巴胺引发物质左旋多巴“叫醒”。同样，过于激动的妥瑞氏症患者，则需要以多巴胺对抗药物，例如氟哌啶醇（haldol），这种药可以降低他们体内的多巴胺。

此外，妥瑞氏症患者不只是脑中的多巴胺过多，而帕金森症患者也不只是脑中的多巴胺不足。某种脑部病症对人格特质的改变，还有很多细微而广泛的差异：异常的状况可以有千百种，因人而异，甚至每个病人每天的情况都会有变化。氟哌啶醇可以用来治疗妥瑞氏症，但是无论是这种药或其他药物，都无法治愈妥瑞氏症，就像左旋多巴也不是帕金森症的解药一般。

在纯粹的医疗或药物之外，还需要从“存在”的角度来治疗病人。尤其是要能敏锐地了解患者在基本健康和自由情况下的行动、创作与表现。所需要对抗的是其超过限度的冲动，是脑下皮质折磨病人的那股“无名的力量”。不会动的帕金森症患者能唱歌、跳舞，在这个时候，他完全不受疾病的限制；而当痉挛的妥瑞氏症患者唱歌、游戏或行动时，他已从疾病中解放了。在此，“我”打败并驾驭了“它”。

从1973年起，我有幸与伟大的神经心理学家卢瑞亚取得密切联系，这段友谊一直到1977年他过世。我常常将对妥瑞氏症患者的观察与录音带寄给他。在一封后期的信中，他告诉我：“这的确非常重要。对这种病的任何一点了解，都必然使我们对人性的了解眼界大开，我不知还有什么病症可以让人这么感兴趣。”

狂野的即兴演出

第一次见到小雷时，他 24 岁，几乎无法正常行动，因为每隔几秒，他就会剧烈地抽搐好几下。他从 4 岁就开始发病了。虽然他拥有极高的智商、才气、坚强的性格与务实的个性，能让他顺利地受教育、上大学，被他的朋友和妻子所倚重和敬爱，但每次发病所招致的众人的侧目，仍然使他深受创伤。

大学毕业后，小雷被炒了许多次鱿鱼，都是因为他抽动个不停，而不是因为他不能胜任职务。一直面临这样、那样的危机，通常是因为他没有耐心、好斗、粗暴又十分“厚脸皮”。他的婚姻也因为他在性兴奋时，会不由自主地发出咒骂声，而导致问题出现。

小雷颇有音乐天分（许多妥瑞氏症患者也是如此），而且若不是因为他周末时去当爵士乐鼓手，又有极大兴趣，他大概就活不下去了，精神上或经济上皆是如此。他最著名的是突发而又狂野的即兴表演，那有可能是出自抽搐或不自主的击鼓动作，却能够一下子变成一段美妙、狂热的演出。所以说，“突然的发作”也能使他变成引人注目的亮点。

在许多游戏中，小雷也能因病而得利，尤其是乒乓球，更是他的拿手好戏。部分原因是他的条件反射与反应快得惊人，不过更特别的是他那“神来之笔”，快、准、狠的瞬间扣球（用他自己的话来说），实在是出人意料，让对手无法反击。

他唯一不会抽搐的时候，是在性行为刚结束、平静下来或者睡觉时。还有当他规律而有节奏地游泳、唱歌或工作，或者听到节奏感强烈的旋律时，他就可以解除紧张、停止抽搐，获得片刻解脱。

在热血沸腾与装疯卖傻的表面下，他其实是个深沉严肃的人，而且还充满绝望。他从没听过妥瑞氏症联盟（当时也的确还未成形），也没听过氟哌啶醇这种药。读了《华盛顿邮报》那篇谈论“抽搐”的报道，他才判断自己可能是妥瑞氏症患者。

与抽搐融为一体

当我确认他得了妥瑞氏症，提到使用氟哌啶醇，他既兴奋又犹豫。我注射了一点氟哌啶醇做测试，他的反应相当明显，才用了八分之一毫克就有两个小时都不再抽搐。经过这次试验，我开始以氟哌啶醇来治疗他：每天三次，一次四分之一毫克。

下个星期他来复诊，眼圈发黑，鼻梁断了。他说：“你‘他妈的’药用得太多了。”即使是那一点点的药量，也让他重心不稳，他的速度、时间感，以及过人的快速反应都受到干扰。就像许多妥瑞氏症患者一样，他很喜欢转动的东西，特别是旋转门，他可以像闪电一样地转进又转出。但服用了氟哌啶醇之后，这项绝技不见了，他对自己的动作估错时间，结果鼻子被结结实实地撞了一下。

还不只是这样。他很多抽搐的动作并没有消失，只是频率变慢，而且时间延长：有时候“抽搐的动作到一半便静止了”，他这样描述，他发现自己的姿态好像僵直了一样 [弗仑齐（Ferenczi）一度称僵直是抽搐的另一极端]。这一点点的药量，让他变得像个帕金森症患者，肌肉紧张僵直、脑中一片空白。这样的反应结果似乎再糟糕不过了，这好像意味着，像他这样过度敏感或病态性敏感的患者，只能从一个极端被抛到另一个极端，也就是从一般亢奋的妥瑞氏症症状，变成呆滞缓慢的帕金森症状，永远不可能找到快乐的中间点。

我可以了解，这次的经历让他深感挫折。另一个想法也加深了这样的感觉；他表达了心里的想法："假设你能完全消除我的抽搐，"他说，"可是，我还剩下什么呢？抽搐就是我，我就是抽搐！此外没别的了。"他认为自己除了是个抽动个不停的人之外一无是处。他称自己是"总统百老汇的小抽"，而且会用第三人称的方式叫自己作"鬼灵精怪、抽动个不停的小雷"，外带说明他太善于"抽动的机灵"和"机灵的抽动"，已经不知道这究竟是好还是坏了。他说无法想象生命中没有妥瑞氏症的症状，但也不肯定自己是不是喜欢这种病。

在此刻，不由得让我想起几位从嗜睡病中苏醒的患者，他们对于左旋多巴也异常敏感。然而，我从他们的案例看到，如果患者有机会过丰富充实的生活，生理上极端的敏感与不稳定，也有可能得到升华。也就是说，生命存在的平衡，有可能克服严重的生理不平衡。我相信小雷也办得到，因为他并没有紧盯着自己的病情不放，虽然说了些丧气话，但他并不是个拿自己的病大作文章，或自怜自艾的人。

不再被当成小丑

我建议他持续三个月，每个星期来看诊。这段时间内，我们可以想想看没有妥瑞氏症的生活是什么样子；我们可以探讨，少了对病症不正常的眷恋和注意，生命还有什么馈赠，我们也可以检验一下妥瑞氏症对他的角色与经济的重要性如何，如果没有这个病的话，要怎么过日子。我们可以在三个月内探讨所有的问题，然后，再做另一次氟哌啶醇试验。

接下来的三个月，我们深入而耐心地探讨问题，在这个过程中，虽然常常得对付相当程度的抗拒、不以为然，以及他对自己和生命信心不足等问题，各样健康与人性的潜能还是逐渐显露出来。这些潜能经过了 20 年的妥瑞氏症的考验，隐藏在人格中最深与最强的核心。这样的探讨很令人振奋，也让我们至少有了一些希望。而实际的效果则超乎预料，不仅没有后继无力，他对疾病的反应更发生了持续而永久的大改变。当我再一次让小雷试用氟哌啶醇，用量还是跟原来一样，他却发现自己不但不再抽搐，也没有明显不良的副作用。从此以后，他一直都很适应这种药物。

氟哌啶醇在他身上的效应犹如奇迹一般，奇迹之所以发生，是因为他愿意让它发生。起初的药效之所以会惨不忍睹，有一部分原因无疑是生理上的；但也正是因为在那个阶段，想要“治愈”或消除妥瑞氏症，时机尚未成熟，经济上也不可能。从 4 岁开始就患病，小雷并没有过正常生活的经验：他非常倚赖他那会让人上瘾的病症，也自然而然地多方面利用了这个病。他当时还未准备好放弃，而且（我忍不住要这么想）如果没有那三个月密集的预备阶段、非常费力而又专注地深入分析与思考，他可能永远都不会准备好。

过去 9 年，大体上而言，小雷是快乐的，那是一种出乎意料的解脱。经过 20 年受妥瑞氏症的束缚，以及受无情病症的逼迫而无法自主后，他享受到了过去不敢奢望的开阔与自由。他的婚姻比以前更加祥和稳定，还当了爸爸。结交了许多好朋友，他们视他为一个人，而不是个妥瑞氏症小丑；他也成为社区重要的成员之一，同时也有了稳定的工作。不过还是有问题尚待解决：这些问题与妥瑞氏症，还有氟哌啶醇脱不了关系。

在周末彻底解放

平常工作的时候，小雷因为服用了氟哌啶醇，而保持着“严肃、实在、稳重”的样子，他用这几个字眼来形容其“药物自我”。他的动作、思考都是缓慢而审慎，不会像没有服药前那样的毛躁冲动，不过与此同时，他也不再如原先的疯狂随兴、时有神来之笔。甚至连做梦的内容都跟过去不同：“直来直往的，”他说，“不像有妥瑞氏症时那么曲折离奇。”

他不像以前那么尖锐，思虑也不如从前敏捷，不再随时出现“机灵的抽动”。他不再喜欢乒乓球或其他游戏，也玩不好，也不会有那种“杀它一把的狠劲”、“想要赢球、打败别人的冲劲”。他变得没有那么争强好胜，但也比较不会找乐子了。从前他让每个人吓一跳的冲动或突如其来的热情不见了。却也失去了过去的固执，不再是莽汉一条，也没脾气了。但也越来越感觉到好像失落了什么。

更重要的是，收入越来越少，这对他来说简直要了命。因为他发现服用了氟哌啶醇之后，在音乐上就变“钝”了，不只是差强人意，而且还失去了能量、热情、放肆的表现和欢乐。打鼓的时候，他不再抽搐或不由自主地敲击，但也不再有狂野而独具一格的鼓声。

当他发现了这个问题，在和我讨论之后，小雷做了一项重大决定：在工作日的时候，他会按时吃药，但在周末时就不吃了，让自己“放纵”一下。过去三年来他都实行这种方法。所以现在有两个小雷，吃药及不吃药的小雷。其中一个是正经八百的上班族，从周一到周五，处事冷静、思想周密；另一个是在周末鬼灵精怪的小雷，精力旺盛、疯狂、满脑子怪点子。而小雷是第一个承认有这种奇怪情况的人：

> 患有妥瑞氏症，整个人很狂野，就像整天喝得醉醺醺的感觉。服用了氟哌啶醇的感觉是很迟钝，它让人一板一眼、正经八百。这两种情况都不是真正的自由。你们“正常人”脑子里的传导物质因时因地，恰到好处，可以在任何时侯拥有所有的感觉和表达的方法。或轻或重，随心所欲。我们妥瑞氏症患者没有办法：我们被病症抛到九霄云外，服了药物之后，整个人又被拖到谷底。你们是自由的，你们有自然的平衡，而我们则要竭力保持人为的平衡。

小雷的平衡的确保持得很好，尽管有妥瑞氏症，尽管必须要服药，尽管不自由又不自然，无法享有我们大部分人与生俱来享有的自由，他还是过着充实的生活。他的疾病给他许多教导，而且从某方面来说，他更从中得到了升华。他会用尼采的话说：“我已经经历了多样的健康，还在不断地经历。说到疾病，我们不禁要问：没有它，还过得下去吗？只有巨大的痛苦，才是灵魂最终的解放者。”

小雷被剥夺了自然、与生俱来的健康，却在服药与不服药的交替之间，找到了新的健康、新的自由。他成就了尼采所说的“伟大的健康”，虽然妥瑞氏症缠身，仍然幽默过人、勇气十足、神采奕奕。

*　注释　*　*

1. 沙尔科（1825~1893），法国解剖学及神经学专家。——编者注

2. 19 世纪 50 年代，杜兴（Duchenne）医生发现肌肉营养不良的病人也会有类似的情况发生。1860 年他的原著发表后，医学界又诊断并发表了上百个病例。沙尔科说：“一种分布广泛、非常常见、一眼就能认出来的疾病一直就存在于世，为什么直到现在才被识别出来，为什么一定要杜兴医生让我们大开眼界呢？”

第十一章　幸得爱神病

我知道它是病，但是它让我心情愉快。
我乐在其中，现在也还是，我不会否认。
这个病让我觉得比 20 岁时还有生气、还有活力。
这样很有乐趣。
我不希望事情变糟，那就令人难过了。
不过我也不希望它被治好，那也不怎么好。
你想想，有没有办法让它维持现在这样呢？

娜塔莎是个老太太，虽已 90 高龄，仍然耳聪目明。最近她来我们诊所，她说，88 岁生日过后不久，她注意到自己“有点不一样”。

“那是怎样的改变呢？”我们问她。

“快乐得不得了！”她大声地说，“我爱死了这样的改变，觉得更有活力，生气勃勃，感觉自己又年轻起来了。我对年轻的男人会有兴趣。我开始感觉，你可以这么说，‘活蹦乱跳’。对，就是‘活蹦乱跳’。”

“这有问题吗？”

“刚开始觉得没什么不对。我感觉很好，好得不能再好了——我为什么要大惊小怪？”

“后来呢？”

“我的朋友开始担心。起先他们说：‘你看起来气色真好，越活越年轻了！’但后来他们认为有点不对劲。‘你以前总是那么害羞，’他们说，‘现在你还会卖弄风骚，咯咯笑，还会讲荤段子。你这把年纪了，这样好吗？’”

“那你自己觉得呢？”

“我吓了一跳。我乐在其中，根本没想到有什么不对劲。不过仔细一想，我就告诉自己：‘你 89 岁了，娜塔莎，你却一整年都这么亢奋。你一向情绪平稳，现在却乐得毫无道理。90 岁的老太婆，行将就木，怎么会突然这么兴高采烈呢？’当我一想到‘兴高采烈’这个词，事情就不一样了，'你病了，亲爱的，'我告诉自己，'你的感觉太好了，你一定是生病了！'"

感谢爱神恶作剧

"生病？是情绪上还是心理上的病？"

"不，不是情绪上的，是生理上的毛病。我的身体、我的脑子不知道哪里出问题了，才会让我情绪变得这么高昂。接着我又想到，哎呀，该死，是丘比特之病！"

"丘比特之病？"我不解其意地重复了一次。我从来没有听过这种病。

"没错，丘比特之病，就是梅毒，你知道吧。差不多70年前，我在萨洛尼卡（Salonika）的一家妓院。我感染了梅毒，那时很多女孩都得了，我们管它叫丘比特之病。后来，我丈夫救了我，把我从妓院带出来，我的梅毒也治好了。当然，那年头还没有青霉素。会不会是经过这么多年，我又发病了？"

从首次感染梅毒到进一步演变成神经性梅毒之间，的确可能有相当长的潜伏期，尤其是当原先的感染只是被压抑了，却没有彻底治愈的话，更提高了这种可能性。我有个病人，自行用胂凡那明（Salvarsan）[1]治疗，结果在50多年后才演变成脊髓痨（也是一种神经性梅毒）。

不过，我从未听过发病间隔期长达70年的，更没听过自认为感染了脑神经性梅毒的人，讲话还可以这么有条不紊的。

“这是很惊人的联想，”我想了一下才回答，“我绝对想不到这一点，不过也许你是对的。”

她说的没错。脊髓液测试呈阳性反应，她的确患有神经性梅毒，而病毒也的确侵袭过她高龄的大脑。现在要伤脑筋的，是如何治疗的问题了。不过，另一个非常尖锐的两难问题是由老太太提出来的。“我不知道我是不是想把它治好，”她说，“我知道这是一种病，但是它让我心情愉快。我乐在其中，现在也还是这样，我不会否认。这个病让我觉得比 20 岁时更精力充沛、活力十足。这样很有乐趣。不过我也知道事情太过美好时，应该就此打住。我曾经有过一些想法，还有一些冲动，我不愿意告诉你是什么，它们是会让人脸红的蠢念头。起先，有点儿晕乎乎的、微醺的感觉，不过如果再下去的话，”她扮了个鬼脸，“我猜我得了丘比特之病，这是我来找你的原因。我不希望事情变糟，那就令人难过了。不过我也不希望它被治好，那也不怎么好。在这毛病还没找上门之前，我从没有活得这么带劲过。你想想，有没有办法让它维持现在这样呢？”

我们考虑了一下。幸好，答案很清楚。给她用青霉素，这虽然消灭了她的病毒，但是并没有反转她脑部因为病毒所引起的变异。

现在娜塔莎称心如意，既享受轻微的解放，思想与冲动都得到释放，也不用担心不能自我控制，或是危害到她的脑子。她希望能这样充满年轻活力、快快乐乐地活到 100 岁。“真好笑，”她说，“这都得感谢爱神。”

后记

1985年1月，我在另一位患者身上也碰到了类似的两难与讽刺的事。米格尔被诊断为狂躁症，因而住进了医院，但医生很快就发现是神经性梅毒导致他的兴奋状态。他是个单纯的人，过去在波多黎各（Puerto Rico）务农，加上有点听说和语言障碍，口语表达能力不是很好。不过，通过画笔，他能简单明了地把自己的状况描述出来。

第一次见面时，他相当兴奋，当我要他依样画一个简单的图案时（如图A），他却兴高采烈地挥洒为三维空间（如图B），或者说我以为是三维空间，直到他解释那是个打开的纸盒，他想在里面画一些水果。由于受到奔腾想象力的驱使，他没有注意图中的圆圈和十字，而是把焦点放在“封闭”的概念，再将这样的概念具体呈现出来。一个打开的纸箱，里头放满了水果，这不是比我那无聊的图案更吸引人、更生动吗？

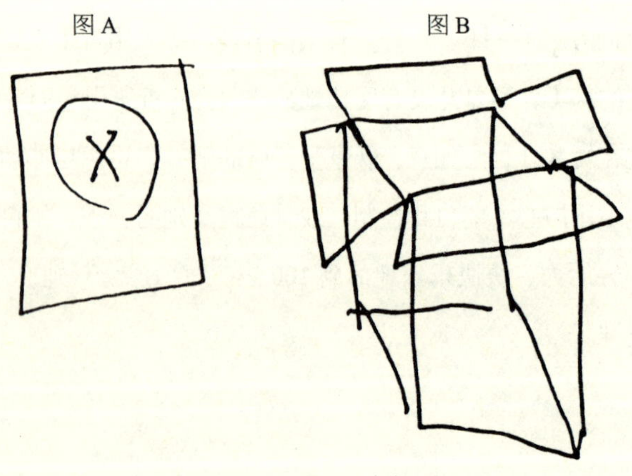

图A　　图B

几天后再见到他，依然精力旺盛，思维活跃，思想和感觉到处飞，飘得像风筝一样高。我要他再画一次同样的图形。这一次，他想都没想，就把原来的图画得有点像不等边四角形或菱形的东西，然后加了一条线，还有一个小男孩（见图C）。“男孩放风筝，风筝在飞！”他兴奋地嚷嚷。

再过几天，就是我第三次看到他的时候，我发现他相当平静，很像帕金森症（医院开了氟哌啶醇让他安静下来，等待最后的脊髓液检验）。我再次要他画出那个图形，这一次他就照葫芦画瓢，丝毫不差，只是比原图小（服用了这种药之后，会有把图像缩小的情形），他没有添油加醋，也没有即兴的想象（见图D）。“我没有再‘看到’什么东西了，”他说，“以前所见的是那么真实、那么生动。是不是我接受治疗后，所有的事物都会变得死气沉沉？”

帕金森症病人被左旋多巴唤醒之后，所画的图也有异曲同工之妙。如果要帕金森症患者画一棵树，他们会画一个小小的、看起来营养不良、弱不禁风的、一棵冬日里光秃秃的树，连一片叶子也找不到。一旦他得到左旋多巴的刺激，整个人活络起来，所画的树就会是粗壮高大，枝叶丰满，充满活力。如果药让他变得太兴奋了，画出来的树可能就充满华丽的装饰和线条：枝桠横生，树叶遍布，又长满了细微的藤蔓、卷曲的花纹，还有些不知所以然的东西。整棵树几乎要被这庞大的、巴洛克式的、巨细靡遗的画面给占去，看不到原来树的样子了。

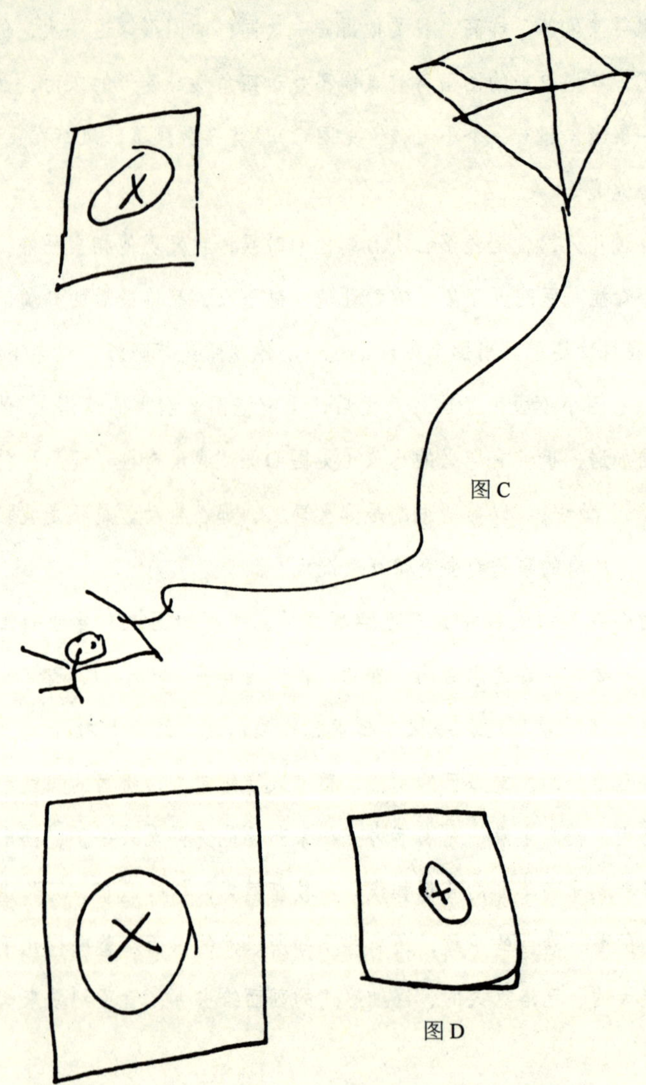

图 C

图 D

生病似乎不全然是坏事

妥瑞氏症患者所画的画也具有这种特点。原始的形状、原本的想法，失落在过度装饰的丛林中，以及一般被称为“速度艺术”的即兴表现之中。他们的想象力起初是被唤醒，接着越来越兴奋、越来越狂热，最终变得无边无际、不可遏止。

这是多么矛盾、残酷而又讽刺的事。内在的生命与想象力，可能一辈子都深藏不露，除非因为某种感染或疾病，才有办法释放，或是唤醒它！

这样的矛盾，也正是《觉醒》要讨论的核心；同样地，妥瑞氏症之所以诱惑人，也是因为这个原因（见第十章、第十四章）。而某些药物，像是古柯碱（一般了解，它和左旋多巴或妥瑞氏症一样，有增加脑部多巴胺的效果），让人又爱又怕的地方也就在于此。所以，弗洛伊德才会对于古柯碱让人沉醉其中、难以自拔的影响，做了下面这番惊世骇俗的评论：“跟健康人正常的陶醉的感觉并没有什么不同：换句话说，你是正常的，而且很快就难以相信自己是在药物的控制之下。”

脑部的电疗，也有同样矛盾的评价：有些癫痫状态会让人感觉兴奋、上瘾，而且那些喜欢这种感觉的人，可能会一次又一次地让自己有机会接受这样的刺激（就像脑部植入电极的老鼠，会不由自主地刺激它们脑中的“快乐中心”）；不过，还有别的癫痫状态会带来安祥与幸福的感觉。即使是由疾病引起，好的感觉还是可能真实存在。而这样矛盾的感觉，甚至还可以带来长久的益处，这就是第十五章所谈的欧康太太，和她令人费解的“记忆重现”。

我们在此所讨论的是一种奇怪的情境，过去所有的想法或许都要彻底推翻，生病可能是好事，正常却让人不舒服；兴奋的感觉有可能是束缚，也可能是解放；而事实可能存在于不清醒的状况下，而不是在清醒的时候。这就是爱神和酒神的世界。

* 注释 * *

1. 胂凡那明（Salvarsan），梅毒特效药。——编者注

第十二章　失去现实感的人

说故事的需求，
或许能指出汤普森猛编故事、喋喋不休的原因。
他的连续感已经被剥夺了；
不为人知、连贯不断的内心故事不在了，
这促使他成了故事狂——
他有说不完的故事、谈天说地的癖好、爱打诳语，
就是由此而来的。

“今天来点什么？”他说着搓了搓他的手心，“半磅的弗吉尼亚熏鸡腿，还是一块美味的龙息蓝奶酪？”

显然，他把我当成了顾客。他经常拿起病房中的电话说：“汤普森熟食店。”

“哦！汤普森先生！”我大声说，“你把我当成什么人了！”

“天呐！光线太暗，我当你是客人。这分明就是我的老友汤姆嘛。（他转头小声对护士说）我和他常常一起去跑马。”

“汤普森先生，你又弄错了。”

“我也这么想。”他再一次答话，“如果你是汤姆的话，干吗穿着一身白袍？你是海明，隔壁的犹太屠夫。只不过你那外袍上没有斑斑血迹。今天生意清淡吗？到了周末就有你忙的了。”

我有点儿觉得自己好像在一团身份认证的漩涡中打转，于是我指了指挂在脖子上的听诊器。

“听诊器！”他推翻自己的说辞，“你是假扮的！你们这些技工都开始幻想自己是医生了，穿了这身白袍和戴上听诊器这种行头，好像你需要用听诊器听车子的声音！所以你一定是前面那条街修车厂的曼纳斯，要来拿你的黑麦面包……”汤普森再一次摆出他那杂货店掌柜的手势，搓了搓手，寻找着柜台。因为没见着它，他以奇怪的神情再看看我。

“我在哪儿？”他问，一副骇然受惊的表情。

“我当我在店里，医生，我必定又胡思乱想……你要我脱下衬衫，像往常那样听诊吗？”

“不，这次不同，我不是你以前的那位医生！”

“你还真的不是。一看就知道！你不是平常看我心率的医生。铁定不是，你有胡须！你长得像弗洛伊德……我是不是发疯了？”

“不，汤普森先生，你没有疯，只是记忆上有一点小问题，不容易想起来或认得人。”

“我的记忆老要开我玩笑，”他承认，“有时我会搞错，把甲当成乙。那你现在决定怎样……要龙息蓝奶酪还是弗吉尼亚熏鸡腿？”

游离于各种角色

又来了，每一次都是这么前言不搭后语的，兴之所至、没有预兆，通常滑稽可笑，有时还蛮像那么一回事的，但最后都是令人觉得心酸。汤普森先生会指认我的身份，却是误认或假装他认识，在5分钟内，能说出一打不同身份。他能很流畅地从某个臆测、假设和看法，转个弯变成另一套说辞，而且从他脸上看不出任何不确定的感觉。他从未认出我是谁，对于他自己（一个前杂货商，患有重度科萨科夫精神病，住在精神研究中心）究竟是什么身份、身处何地，也是茫然不知。

他的记忆稍纵即逝。失去方向感是家常便饭。失忆症的无底洞总不停地出现在他脚下，但借着行云流水的闲聊和花样百出的杜撰，他总能敏捷地将洞填满。对他而言，他并没有虚构任何事，他所说的，都是他在瞬间所见、所能领会的世界。刚开始，他那种变幻无常，毫无条理可寻的状况，常让人一下子无法忍受、无法理解。

然而，汤普森以其无止境、无知觉、连珠炮般的编造能力，在瞬间就即兴创作出周遭事物的物换星移，反而造成一种诡异、如梦呓般，却又近乎有条不紊的世界。仿佛天方夜谭里的情节，其中充满瞬息万变的人、图案和情境。但是，对汤普森本人来说，他的世界并没有幻灭无常，也没有昙花一现的奇想和幻觉，而是一个完全正常、稳定、脚踏实地的世界。至于他本身，也是一切泰然。

曾有一次他外出旅行，自称是“威廉·汤普森牧师”，向旅馆服务台叫了一辆出租车，搭着它展开一天的行程。我们后来曾和那位司机谈过，他说，他从没载过如此吸引人的乘客，因为汤普森告诉他一个又一个的故事，都是他个人惊人的历险奇遇记。“他似乎去过世界各地，见过所有的世面，我简直无法相信一个人的一生能过得这么丰富。”出租车司机说道。

“这未必是他的一生，”我们回答，“而是非常奇妙的角色扮演。”[1]

活出自己独特的故事

另一位我曾详文叙述过的科萨科夫综合征患者吉米（见第二章），其重度的科萨科夫症已有好长一段日子没有恶化，似乎沉淀在一个稳定的迷失状态（也许应该说是一个永不醒来的梦，或是往日时空的定格）。反观才刚出院的汤普森先生，他的科萨科夫症在三个星期前发作，当时他表现出高度兴奋、疯狂叫嚣、不认得家人。他病症的热度未退，仍处在近乎狂热地想找人闲聊的妄想阶段（这种情形有时被称作“科萨科夫精神病”，当然它并不是真正的精神病）。他会不停地创造一个新的世界、新的自己，来替补他不断遗忘和失去的事物。如此的狂热，会引发相当炫目的创作力和幻想能力，成为一个如假包换的“侃爷”，这种病人在任何时机，都能完全地使自己（和他的世界）情绪高昂。

每个人的一生都像一个故事、一个有关内心的故事。故事的发展，我们的感受，交织成我们的生活。可以这样说，每个人都在建构、都在活出一个故事。而这个故事就是我们自己，就是我们对自我的认知。

想了解一个人，我们会问：“他的故事是什么，他真实的内心世界是怎样？”我们自己就是一部传记、一篇故事。每个人的故事都是独一无二的。故事的内容，通过人的知觉、感情、思想和行为，再加上我们的谈话交流，在无意识中不断地建构起来。生物、生理学上，我们没有什么不同；但时光流转所写出的人生故事，篇篇都不同。

要成为自己，必须要“拥有”自我，需要拥有自己毕生的故事。我们要将人生的片段重新整理，将自我内心的戏剧和故事，重新集结。一个人需要有如此的故事，一篇不间断的内心故事，才能保有其自我认同，保有自己。

说故事的需求，或许能指出汤普森猛编故事、喋喋不休的原因。他的连续感已经被剥夺了。不为人知、连贯不断的内心故事不在了，这促使他成了故事狂。他有说不完的故事、谈天说地的癖好、爱打诳语，就是由此而来的。因为他无法保有真实的故事及其连贯性，无法拥有真正的内心世界，驱使他必须在虚拟的连续性、塞满虚幻人物与妄想的虚拟世界里，繁衍出根本不存在的故事。

想走出迷惘的幻境

对汤普森而言，这样的世界像什么？表面上，他变得像是一出热闹的喜剧。大家会说："这人很搞笑。"其间充斥的诙谐戏谑，也许足以写部喜剧小说[2]。他是好笑的，但不只有笑料，还令人担忧。从某种意义上讲，这个人带着一种绝望的疯狂。他的世界不断地灭绝、失去意义、烟消云散，所以他必须寻觅人生意义、创造意义，如困兽之斗，不断地在无意义的无底深渊、在不时嘶吼的混乱之上，创造、架设意义的桥梁。

但汤普森自己能知道这一切，感觉到这一切吗？人们发现他是一个"非常有趣的人"、"很有笑料的人"、"带来欢乐的人"之后，却会因为他的某种特质，而感到厌烦，甚至恐惧。"他不曾停止，"他们会说，"他像个在追逐的人，一直想去抓住某样在闪躲他的东西。"没错，他只能不停地跑下去，因为记忆、存在与意义的伤口永远无法愈合，只得分分秒秒去弥补、去拼凑。而即便花了再多心力去弥补与拼揍，也不会产生作用，因为它们只是闲聊与虚构的东西，对现实世界帮不上忙，也与其格格不入。

汤普森能感觉出这种情形吗？或再问一次，他"对现实的感觉如何"？他是不是一直活在痛苦之中，找不着真实，挣扎着想自救，却陷入无止境的虚构故事和幻境之中？看得出来他并不自在，他的神情紧张，不时绷着脸，仿佛承受着一波又一波的内心压力。偶尔，他也会流露出坦率、没有遮掩、令人同情的困惑，只是这情形并不常有，他会刻意隐藏。

一边拯救他却又诅咒他的，就是他这种不自然的或者说防卫性强的性格特性；他的人生所呈现出来的，只有表面的五光十色、变化万千。除此之外，就只是一团幻象、精神错乱的现象，谈不上任何深度。

对一切都没有感觉了

他没有意识到他失去了感觉（因为这种感觉已经失去了），也没有感觉自己失去了深度。失去内心深不可测、无人能知的多重身份或真实的深度。在任何时刻与他接触的人都有这种印象，在他流利的言谈，甚至说他的狂热之下，是一种奇异的感觉丧失，他已无法分辨“真实”与“虚幻”，“正确”与“不正确”（只能说是非真相，不能说是谎言），“重要”与“微不足道”，“适合”与“不恰当”的感觉。他永远讲不完的闲扯如洪水猛兽般倾巢而出，到最后成了一种满不在乎的心理……好像他说的话，或其他的言行都无关紧要，好像天下太平、无事可扰。

举一个明显的例子。在某一天下午，当时汤普森正滔滔不绝，面对着随兴聚拢的一干人等说道：“我的弟弟鲍勃，刚走过那扇窗。”他说话的语调就如同他接下去的长篇大论一般，始终高亢，态度却平稳而冷漠。

一分钟后，我吓得说不出话来，因为一个男人探头到门边说：“我是鲍勃，我是他弟弟，我想他看到我从窗外走过。”从汤普森的声调或态度，从他活泼生动但又毫不在乎的长篇独白中，我完全没有想到他讲的话中有些东西是真实的。

汤普森谈到自己的弟弟时，虽然那是个真实的人，他所用的语调（或者说没有语调），与他在谈论“虚幻”事物时，完全是一样的。突然间，在幻影中跳出一个有血有肉的人！更有甚者，他并没有把他弟弟看成是真实的，因为他没有表露任何真实的感情，一点也没有从其精神错乱中稍稍得到方向或解脱的迹象，相反，立刻将他弟弟看成是虚幻的，在更加纷乱的精神错乱之中让他隐没、失去踪影。

这全然不像吉米（见第二章）与他哥哥的会面，那是种难得却感人肺腑的时刻，那时的吉米并没有迷失。可怜的鲍勃可真灰头土脸，他说：“我是鲍勃，不是罗博，也不是多博。”然而，这么解释仍是枉然。在那些闲聊当中，或许仍保有（或是瞬间跑出来的）某种时刻忆起亲戚关系或身份的记忆，汤普森谈到他哥哥乔治时，总是使用现在时态叙述法。

“乔治已过世 19 年了！”鲍勃说，表情惊异不已。

“呀！乔治这人太爱说笑了！”汤普森语带戏谑，对鲍勃的说法显然置若罔闻，也不感兴趣。继续用他兴奋、平稳的语气闲扯关于乔治的事，对于真相、现实、礼节和一切的一切，他都麻木不仁，也对就在他眼前、看起来心痛不已的弟弟毫无感觉。

失落的灵魂能否得到救赎

即使没有其他佐证，凭这点我也可以认定，汤普森丧失了一些终极而完全的内心真实，那是关于感觉和意义，关于灵魂的。这又诱发我向修女们提出疑问，就像我曾询问关于吉米的问题一样：“你认为汤普森有灵魂吗？或者他的灵魂已被疾病除去了精髓，掏尽、失掉了？”

这一次，我的问题让她们的脸上挂上了焦虑，我触及了她们的内心，她们再也没办法说：“自己判断吧，去看看教堂中的汤普森。”因为他连在教堂里都是俏皮话不断、妙语连珠。吉米有一种全然的哀伤，一种迷失的忧愁感，而这感觉在如沸腾冒泡般的汤普森身上根本见不到，或无法直接感受到。

吉米有喜怒哀乐，并有一种陷入沉思（或至少是渴望）的忧伤，这种深度与灵魂并没有在汤普森身上出现。毋庸置疑，就像修女们所言，就神学的观点他是有灵魂的，一个永生的灵魂。他就跟神的其他子民一样，被神所眷顾、所爱。但她们也承认，某种使人忐忑不安的东西已经影响了他，影响了他的灵魂、个性，以及一般人的意识。

因为吉米是“迷失”的，所以在发自心底感情关系的模式下，他可以短暂得到救赎或被寻获。吉米身处绝境，是一种安静的绝望（借用克尔凯郭尔的用语），因此他会有得救的可能性，有可能再度触摸到他已失去，但仍然认识、仍存渴望的感觉和意义。

但汤普森，在其耀眼却虚浮的外表与替代真实世界的毫无休止的笑话（在这当中如果隐藏着绝望，也是他无法感知的）之下。在他明显对于人的关系和真实性的忽视，只一味瞎掰的背后，可能已完全找不到救赎了。他的喋喋不休、怪异行为，以及寻找意义的狂热，成了最根本的障碍，将任何意义都拒之门外。

这是一种一体两面的矛盾。为了能时时跨越那个越破越大的失忆症的无底洞，汤普森“爱闲扯”的重要天赋得以发挥。然而，这项天赋却也成为他的诅咒。如果他能安静下来；如果他能停止喋喋不休、语无伦次；如果他不再用表面的幻象来自欺欺人，那么真实才有可能渗入；某种真正、发自内心、纯然、真实有感的事物，才能进入他的灵魂。

在他身上，最终的、“存在性”的损伤并不是记忆（虽然他的记忆已被摧毁殆尽）；他的变化这么大，并不只是由于失去记忆，而是对情感的感觉能力也丧失了；他之所以“丧失灵魂”，就是因此而来的。

在静谧中安顿身心

卢瑞亚形容这种不在乎的状况，是一种“同等化”，有时他似乎认为这就是严重的病态所在，是任何自我或世界的终极毁灭。我认为，它在汤普森的身上造成一种令人害怕的迷惑，也造成了最高难度的治疗挑战。卢瑞亚一再地回到这个主题，有时牵涉到《记忆的神经心理学》（*The Neuropsychology of Memory*）中所说的科萨科夫综合征和记忆，不过更多是与额叶综合征扯上关系，特别是《人脑与心理运作程序》（*Human Brain and Psychological Processes*）一书中所谈到的。

《人脑与心理运作程序》包含几位类似病症患者的全程病历，它们之间可怕的相似，可以与《破碎的人》相媲美，可能还更恐怖，因为罹患这些病症的患者，对于发生在他们身上的事，丝毫没有意识。病人已经失去了现实感，而缺乏这种感觉，患者可能不会觉得痛苦，却是最无药可救的。

泽特斯基在《破碎的人》中被描写成一位斗士，不断（甚至是强烈地）意识到自己的处境，总是对抗着“诅咒的纠缠”，想促使毁坏了的脑子恢复运作。但是汤普森的病况（就像卢瑞亚的额叶症病患，见下一章），可以说是糟糕到连被诅咒都不知情，因为那不只是一个功能或数个功能受损，而是最重要的大本营——自我、心灵本身已经损坏了。

从这层意义看来，汤普森“迷失”的程度比吉米更甚。他无从感觉，或是难得感觉到还有他自己这个人的存在；而吉米这边，虽然多数时候是时空错乱，却清清楚楚有个真实的精神归属。至少，使吉米再连上现实是有可能的。这类治疗所面对的挑战，一言以蔽之，就是“只求连接，别无他求”。

我们想要使汤普森“重新连接”的努力都宣告失败了，甚至还增加了他畅所欲言的压力。然而，当我们放弃努力，让他自求多福时，他有时会逛到医院周围宁静、无拘无束的花园当中。那儿一片平静祥和，他寻得了自己的宁静。其他人的存在使他兴奋和聒噪，迫使他夸夸其谈，陷在制造身份或寻觅身份的错乱状态中；但花木扶疏、幽静的花园是一种非人类的环境，他无须社交，不必有人类的表现，这让错乱的自我得以放松、退隐。凭借这份宁静与天地自得，他也享有了一分难得的寂静与自在。与大自然无言的深交（超越所有的人类认同与关系），他存在世上的感觉又回来了，也变得真实了。

* 注释 * *

1. 卢瑞亚的著作《记忆神经心理学》里也有一个类似的故事。直到外国乘客把手中的天气预报图当成车费交给他时，晕头转向的出租车司机才意识到这个乘客有病。也只有那一刻，他才意识到，讲述“一千零一夜”故事的那个乘客，原来也是精神病院里“奇怪病人”中的一分子。

2. 其实真有人写过这种小说。就在《迷航水手》发表后不久，一位名叫戴维·吉尔曼（David Gilman）的年轻作家将他的作品《短发男孩》(*Croppy Boy*）的手稿寄给我。故事讲述了一位和汤普森一样的失忆症病人，他不断地创造新的身份，改变自己的角色，天马行空地编着故事，想停也停不下来。该书用鲜明的乔伊斯式（Joycean）的语言风格，为读者呈现了失忆症患者惊人的想象力。我不知道这本书是否已经出版，但我肯定它应该会和读者见面。我很想知道吉尔曼先生是否曾经遇到（和研究）过“汤普森”这样的病例？

* 第十三章　是谁，又有什么关系？ *

她的世界已成为感情与意义的不毛之地。
整个世界被贬抑成一种轻浮而无所谓的地方。
这让我有点儿震惊，她的朋友与家人也有同感，
但她自己，虽未全然被蒙在鼓里，却也毫不放在心上，
一脸冷漠、甚至还表现出一种极端可笑的无动于衷，
或是说轻浮的态度。

毕太太过去是个化学研究员，突然性情大变，变得“有趣”，也就是诙谐，老爱讲些俏皮话和双关语。行事冲动和敷衍了事。“你会感觉到她对你一点都不关心，”她的一位朋友如此说道，“她好像不在乎任何事。”

起初她这种行为被人认为是患了轻度狂躁症，结果证实她有脑瘤。在开颅手术中发现，并不是当初以为的脑膜瘤，而是在涵盖眼窝额面区域的额叶处有个大肿瘤。

我见到她时，她看起来情绪高亢、异常活跃。护士说她是言词嘲讽、妙语连珠的“搞笑专家”。

“是的，神父。”她对我这么说。

“是的，修女。”一会儿又改了称呼。

“是的，医生。”这是第三种说法。

她不停交替地使用各种词汇。

“我的职业是什么？”过了一会儿，我用揶揄的口吻问她。

“看到你的脸孔和胡子，”她说，“我想到修道院的教士。看到你的白制服，我想是修女。你戴着听诊器，我想到医生。”

“你不看完我整个人再来判断吗？”

“没有，我没这么看。”

“你清楚神父、修女和医生之间的差异吗？”

“我知道，但对我而言，没有意义。是神父、修女，还是医生，又有什么关系呢？”

至此以后，她还会嘲弄地说：“是的，神父—修女。是的，修女—医生。”还有其他的组合。

满不在乎的轻浮态度

在测试她的左右辨识能力时，不知道为什么，非常的困难，因为她总说是左或右有什么关系（尽管她的认知与注意力有缺陷，但并没有让她变得左右不分）。当我要她注意这项测试时，她说：“左右，右左，干吗斤斤计较？有什么不同嘛？”

“它们有没有差别呢？”我问道。

“当然有，”她说，用一种化学家实事求是的口气，“你可称这是镜像体的两面，但在我看来并没有意义，我认为它们没什么不同：手、医生、修女……”她看到我愣住了，又加上一句，“难道你还不明白吗？它们毫无意义，对我而言，根本不值得一提。全是些微不足道的事，至少我是这么想的。”

“那，这种无意义，”我停顿着，不太敢说下去，“这种无意义的事，困扰你吗？这对你有什么意义吗？”

“肯定没有。”她脱口而出，笑得很开心，讲话的语气就像在开玩笑或在争辩中占上风、牌桌上手风正顺的感觉。

这是否认？是展现她的勇敢？抑或对某些难以承受的情绪加以掩饰？她的脸上倒是未见任何深邃的表情。她的世界已成为感情与意义的不毛之地。没有东西能让她觉得“真实”（或“虚幻”）。此时任何事物都是“同等分量”或“画上等号”的。整个世界被贬抑成一种轻浮而无意义的事物了。这让我有点儿震惊，她的朋友与家人也有同感，但她自己，虽未全然被蒙在鼓里，却也毫不放在心上，一脸冷漠、甚至还表现出一种极端可笑的无动于衷，或是说玩世不恭的态度。

尽管毕太太精明睿智，却“失去灵魂”，不像个正常人。我的脑海出现了汤普森（与皮博士）。这就是卢瑞亚所描述的“同等化”效应。我们在上一章已经提过，下一章也会再提到。

后记

这位病人此种滑稽的冷漠和“同等化”（或者说一视同仁？）的态度并不算稀奇，德国神经学家称之为“说笑症”（Witzelsucht），100 年前杰克逊医生就认为这是一种神经“崩解”的基本形式。这种症状并不算罕见，然而有点可悲的是，在“崩解”的过程中，医学上却对它缺乏了解。

我往往在一年当中遇上好些个类似病例，病因却五花八门。在一开始时，我时常会无法确定病人只是“生性古怪”、四处耍宝，或是得了精神分裂症。我在我的笔记中发现了以下这段话，可以说是随手记上的，是关于一位多发性脑硬化症的病人，我在 1981 年遇上她（但她的病例我无法做进一步的追踪）：

> 她讲话就像连珠炮，感情用事，看起来（似乎是）冷漠。因

此，重要与琐碎，真实与虚伪，正经与玩笑的事，如流水般以快速、不经选择、半真半假的方式，源源不绝地由她脱口而出。她会一转身就完全地把自己推翻掉，说她喜爱音乐，又说不爱；说她摔伤了屁股，又说没有。

我用一段不确定的注释总结我的观察：

隐性失忆，虚谈症的成分有多少，额叶受伤所造成的漠不关心，一视同仁的成分会有多少，又有多少成分是精神分裂症不可思议的瓦解和崩溃？

综观精神分裂症诸多形式，“快乐的蠢蛋”也就是所谓的“青春型精神分裂症患者”，是最近似于器质性失忆症[1]和额叶综合征[2]的。它们的恶性最严重，且最难理解。还未曾有人从此病中历劫归来，将他的经验公之于世。

所有这些症状中：病人常显得“有趣”又匠心独具，世界被拆解、颠覆，搞成无秩序且混沌一片。他们的思想里已经没有“中心”，虽然正常的智力极有可能还完好无损。这种状况到了极点，就成了一种难解的“痴傻”，一种漫无边际的浅薄无知，心智思想完全没有依据，随兴漂流，零散而无重点。

卢瑞亚曾说过，心灵在这种状态下，已经削弱到只剩下“布朗运动”（Brownian movement）[3]。我可以体会他对这种病症所感受到的恐惧（这种感觉反而有助于精确描述病情）。我先想到博尔赫斯[4]（Borges）的“富内斯”（Funes），以及他的评语：“先生，我的记忆就像一座垃圾山。”最后我想到蒲柏（Pope）的长诗《愚人志》（*The Dunciad*），世界变成了纯粹的愚蠢，犹如世界末日般的愚蠢：

> 伟大的反叛者，你的手让帷幕落下；
> 无垠黝暗已埋没所有。

*　注释　*　*

1. 大脑受伤或病变引起的记忆丧失，如老年痴呆症。

2. 顶叶受损，引发癫痫，因而失忆。

3. 指悬浮微粒不停地做无规则运动。

4. 博尔赫斯（1899~1986），阿根廷作家。富内斯这个人物出自其短篇小说集《虚构集》（*Ficciones*）中的《博闻强记的富内斯》。

第十四章　千面女郎

她用一种漫画般的滑稽样子来表演每个从她身旁走过的人。
在一秒钟之内，她就“捕捉到”所有人的特点。
我不知道看过多少擅长模仿或搞笑的人，
但都没有当下我所目睹的那样令我震撼：
她几乎是在瞬间就自动且不由自主地反映出每张脸、每个样子。
每一个她所反映出来的动作、表情，
都是用一种夸张而讽刺的方式，
表演出别人最显著的特征或表情。

在第十章中，我所描述的是比较轻微的妥瑞氏症，但我也粗略提到，还有更严重的症状，“怪得吓人又狂暴”。我的看法是，有人能够将病症纳入宽广的人格当中，而有人“却可能真的被压力沉重又混乱的妥瑞氏症冲动所附体，几乎不再拥有真实的自我”。

妥瑞医生本人，还有许多年纪较大的医生，他们诊断出来的多半是恶性的妥瑞氏症，其症状可能会造成人格分裂，导致病人精神状态非常诡异，会看到幻境，又时而手舞足蹈，仿佛成了另一个人。这种形态的妥瑞氏症，也就是超级妥瑞氏症，相当罕见，病情比普通的妥瑞氏症大概严重50倍，而且本质上可能存在差异，强度也要强得多。这类“妥瑞氏症精神病”，只表现出自我认知错乱，跟普通的精神病相当不同，因为它有其独特的生理学与现象学的根源。但在另一方面，它跟左旋多巴有时候所引起的精神狂乱有关系。同时，跟“科萨科夫精神病”的虚谈症也有相关（见第十二章）。而上述的症状，已足以让一个人完全神志不清。

在见了我的第一个妥瑞氏症患者小雷的第二天，我的视野与心胸都展开了。我也提到，在纽约的街上，我看到了不止三位妥瑞氏症患者，每一个都跟小雷有同样的症状。对于神经科医生来说，那一天真是眼界大开。在几个一闪而过的画面中，我看到了最严重的妥瑞氏症到底是怎么一回事；那不只是抽搐或不由自主的动作而已，而是知觉、想象力、感觉，也就是整个人都处于一种抽搐、无法控制的状态。

街头是最好的教室

从小雷身上可以看到妥瑞氏症患者在街头可能发生的情形，但这还不足以完全说明，你一定得亲眼目睹才能了解。诊所或病房并不是观察这种病最好的场所，至少不适合用来观察病人最极端、最不可思议的冲动、模仿以及他们与外界反应、互动的情况。

诊所、实验室和病房的设计，都是为了控制、调节病情，它们是为系统神经学或科学神经学研究所设立的，只专门进行某些实验或测试，而不是用来做开放、自然神经学的研究的。想要做开放性的研究，必须在患者不自觉、没有发现别人在观察他的状况下，看他在现实世界中完全任由病症的每个冲动来影响他的时候，是什么模样。同时观察者本身也需要融入观察的情境当中。既然如此，还有什么比纽约街头更合适的地方？在这个大城市的街上，谁也不认识谁，症状严重、无法控制自己动作的病人，可以以最大的自由度（或说受控制程度），在其中恣意显露他们的症状。

“街头神经学”的确有值得一提之处。詹姆斯·帕金森（James Parkinson），就像英国小说家狄更斯（Dickens）一样，有在伦敦街头散步的习惯。40年之后，他记录下了以他为名的帕金森症，这项成就不是出自他的诊所，而是在摩肩接踵的伦敦街头所得。在诊所中，确实无法彻底观察和了解帕金森症；它需要开放、可以与环境进行复杂互动的空间，才能将此病症特殊的性格显露出来。

必须在现实世界中，才能看得清楚，并充分了解帕金森症。如果帕金森症如此，那么妥瑞氏症就更是如此了。麦格（Meige）与范德尔（Feindel）的巨著《抽搐》（*Tics*）（1901年出版）中有一篇序文“恶癖者的隐情”（Les Confidences d'un Ticqueur），写的是巴黎街头一位有模仿症状、行为怪异的患者的一番内心独白，文中对于这种病有非常精采的描述。而诗人里尔克[1]（Rilke）在其著作《马尔特手记》（*The Notebook of Malte Lauride Brigge*）中，也描绘了他在巴黎街头看到的某个有习癖症状（译注：一定要重复某些刻板的举动或怪异的习惯）的妥瑞氏症患者。而我真正见识到妥瑞氏症，也不是在诊疗室中看到小雷，而是隔天的街头经验。其中有一幅景象，实在太怪异了，以致到今天还历历在目。

引发骚动的模仿秀

那一天，我的目光被一个年约60岁的灰发妇人所吸引。她显然表现出了妥瑞氏症最奇妙的核心症状，虽然一开始看不清楚她到底在做什么，为什么行为会如此混乱。她是在抽搐吗？到底为什么扭曲成这样？而且有一种魔力或感染力，使得她咬着牙、抽搐着身体与某些人擦身而过时，在人群当中引起一阵骚动。

走近一点才发现是怎么回事，她正在模仿每个路人，用模仿这个词可能还不够传神，或许应该这么说，她用一种漫画般的滑稽样子来表演每个从她身旁走过的人。在一秒钟之内，她就“捕捉到”所有人的特点。

我不知道看过多少擅长模仿或搞笑的人，譬如小丑和怪人之类的，但都没有当下我所目睹的那样令我震撼：她几乎是在瞬间就自动且不由自主地反映出每张脸、每个样子。而且还不只是模仿，因为太独具一格了。

这个妇人不只迅速变换无数人的表情，还感受到他们的内在，一并呈现出来。每一个她所反映出来的动作、表情，都是用一种夸张而讽刺的方式，表演出别人最显著的特征或表情。然而，她的夸张却是身不由己，不是故意的，因为她所有的动作都速度太快而变得扭曲。所以，当原本微微的浅笑以快得不得了的速度呈现时，就变成仅仅持续千分之一秒、模样吓人的鬼脸；而一个很明显的手势经过加速，则变成痉挛得可笑的动作。

在街头的一角，这名疯癫的老妇，以迅雷不及掩耳的速度，好像万花筒般地模仿了四、五十个过往行人的特征，每幅画面不过维持一两秒钟，有时候还更短，而这整个令人目眩的过程不超过两分钟。

随之而来的，还有第二轮和第三轮可笑的模仿：因为路人被她的模仿搞得又惊又怒，不知所措，脸上露出各种表情，而她又再次反映出这些表情，在别人眼中则是再一次的变形、扭曲，也让周围的人更生气、更震惊。如此奇异、非人为所能控制的呼应或连带关系，让在场的人陷入一种荒谬而且越来越夸张的互动当中。而我从远处所看到的就是这种混乱情形。这名妇人幻化成每一个人，却失去了她自己，变成了不存在的人。她有千张脸、万种面具、数不尽的角色，但在这些身份的漩涡当中，究竟有几分属于她自己？

答案随即出现了，一秒钟都不耽搁，因为她的模仿带给自己和周遭的人的压力，已经快要到达临界点了。突然，她垂头丧气地转身离开，走进一条远离大街的小巷当中。在巷子里，她以更快的速度，摆脱了所有的动作、姿势、表情、态度，以及与她擦身而过的那四五十个人的一连串的行为剧本。她无声地呼出一大口气，原先附身于她的那四五十个人的身份，都被吐了出来。如果当初这些人“上身”花了两分钟，摆脱掉他们却只在瞬息之间。她在 10 秒钟内就摆脱了 50 个人，平均一个人花了不到五分之一秒。

征服疾病或被疾病征服

后来我花了好几百个钟头访谈妥瑞氏症患者，观察、记录、了解他们。不过，再也没有一次比得上纽约街头那魔幻式的两分钟，让我以更快的速度对妥瑞氏症懂得更多，并且彻彻底底地体验到这种病是怎么回事。

当下我有一种想法，认为必须要给“超级妥瑞氏症”一种非常特殊的定位。因为患者官能性的怪癖，并非出于自愿。那些怪癖与“超级科萨科夫综合征”有些雷同之处，但毋庸置疑的是，这两种病的病源完全不同。

两种病症都会产生不协调与人格上的错乱。然而，不幸中的大幸是，科萨科夫综合征的患者并不知道自己生病了。但妥瑞氏症患者却是清醒着受苦，而且有点讽刺的，他们后来往往成为最了解这种病的人，虽然他们并没有能力或没有意愿摆脱自己的病。

科萨科夫综合征患者陷于半昏沉或神智不清的状态，妥瑞氏症患者则表现出过人的活动力——他既是活动力的创造者，也是受害者，他可以让自己越来越亢奋，却没有办法减缓下来。结果妥瑞氏症患者被迫与病症建立起一种暧昧的关系：被自己的病征服、征服自己的病，或者玩弄疾病——每个病人与他的病症或敌或友，状况各有不同。这些情形在科萨科夫综合征患者身上是看不到的。

由于缺乏正常、有保护性的居所，以及正常、能够清楚界定的自我，妥瑞氏症患者的自我一辈子都处于“被轰炸”的状态。内在和外在的驱动力欺骗他、攻击他，这些驱动力一方面是官能性的、非他所愿的，另一方面却又与他融为一体，而且深具魅力。病人的自我怎么愿意且能够忍受如此长久的“疲劳轰炸”?

面对这破碎的世界，以及这样的压力，病人的自我还能发展吗?或者，自我会不会被淹没掉了，产生了另一个“妥瑞灵魂”（借用我最近一位病人一针见血的用语）?妥瑞氏症患者的灵魂所承受的，不只是疾病上的压力，还包括了自我存在，甚至是神学上的压力。他的灵魂能否固守城池，还是会被每一项无望痊愈的症状和力量所攻占、附身，以致被附的本体最终消失于无形呢?

奋力为健康而战

苏格兰哲学家休谟曾写道：

> 我想大胆证实：人只不过是各种感觉的集结，一个接一个的感觉，以不为人知的快速，无尽地涌流、不停地运动。

所以，休谟认为，自我认知根本是无稽之谈——我们并不存在，人只不过是连续的感觉或知觉罢了。

正常人显然并非如休谟所言，因为人拥有自己的认知。那不只是一连串的感觉而已，而是属于他自己的，与一个恒久存在的自我相结合。不过，休谟的一番话，或许正可以形容像患有超级妥瑞氏症这般不稳定的人，因为他们的生命，就某种程度而言，是一连串杂乱无章的知觉与动作，诡谲不定的幻象，翻腾不已，却找不到中心点，也不曾自觉。到了这种程度，病人变成"休谟式"的人，而不是普通人。

一个冲动太过强烈的人，究竟会不会失掉自我，这是至今无解的哲学，甚至是神学问题。我们可以将这样的问题与"弗洛伊德式"的命运相提并论，因为后者也是被冲动所淹没。只不过"弗洛伊德式"的命运是有理可循的（这也让他们更具悲剧性），而"休谟式"的人所面对的，却是毫无意义与荒谬的命运。

也因此，超级妥瑞氏症患者为了存活，被迫不停地奋斗。为了成为真正的人，为了在面对不断出现的冲动时，仍然保有完整的人的样子。可能从孩提时代开始，想成为一个独立个体，一个真正的人，对病人来说都是困难重重。

让人称奇的是，大部分的病人都成功了。生存的力量，以及想要活得与众不同的意志力，绝对是人类最强的力量：这股力量比冲动还强、比疾病更有力。健康，以及为健康而战的力量，通常是最后的胜利者。

*　注释　*　*

1. 里尔克（1875~1926 年），奥地利诗人。主要作品有《杜伊诺哀歌》（*Duineser Elegien*）等。——编者注

*

*

第三部　神游：时光不停倒流

*

在这部分所描述的所有神游现象，
或多或少都有清晰的器官上的病因。
这一点丝毫不损及这些病例在心理学或灵性上的意义。
如果上帝，或者那个永恒的秩序，
可以对癫痫症发作时的陀思妥耶夫斯基说话，
为什么其他器官的毛病，
不能成为通往世间之外或未知之地的那一扇门呢？
这一部分正是探讨这样的心灵之门。

*

*

* * 导 言 *

推开心灵之门

当我们批评功能的概念时，即使想要做一个最彻底的再定义，却还是离不开原先的概念，我们只是从“不足”与“过度”两个角度出发，做最宽广的定义而已。但显然完全不同的名词也还是需要的。一旦我们碰到一些现象，诸如经验、思想、行动的实际特质时，我们就要使用一些让人联想到诗或画的词汇。例如，从功能说来看，如何理解人所做的梦？

我们总是有两个对话的宇宙，就称它们为“物理的”与“现象的”吧，或者你要用别的说法也可以。一方处理的是量与形式结构的问题，另一方处理的是组成一个“世界”的质的问题。所有人都有自己独特的精神世界，自己内在的旅程与风貌；而对大部分人来说，这些内在的东西，是不需要去跟哪条神经线连在一起的。我们可以轻易说出一个人的故事，他一生所走的路、所经历的事，一点也不需要搬出生理学或神经学理论：这些理论，即使不是那样无聊或莫名其妙，也是太形而上了。

因为我们视自己是“自由的”，至少，我之所以为我，是由最复杂的人性与道德的层面来界定的，而不是由神经功能或系统的规则变化来决定。通常是这样，却不必然如此。有时候，一个人的生命可能被某个器官上的病症所切断、所改变，这时候，就需要从生理学或神经学的关联来谈他的故事了。当然，这就是接下来要谈的一些病例。

在本书前半部，我们描述的例子都有明显的病理现象，系清晰可见的神经功能过度或不足的症状。对这样的病人，以及他们的家属，更不用提医生了，大家迟早都会清楚地知道：他的“某个地方（生理上）出毛病了”。患者的内在世界，他们的性情或许发生变化；但很显然，那是由于神经功能某些巨大（可说是巨量）的改变所引起的。在本书的第三部分，最主要讨论的是记忆重现、认知的转变、想象和“梦境”。

充满个人色彩的病症

上述现象通常不会受到神经学或医学的注意。这类的“神游”通常相当地强烈，放射出个人的情感和意义，一般都将之视为心灵现象，就像人们对梦的看法一样；认为那或许是无意识或前意识的活动（或者对于一些具有神秘思想的人而言，是属于“灵性上”的），而不会认为那是医学上的事，更遑论从神经学的角度来看待了。它们在本质上是颇为戏剧性、有故事、有个人感觉的，所以不容易被看作是病症。

或许这类神游的病症，在本质上让人比较容易信赖心理医生或神职人员的效用；要不，就认为那是精神病，否则就将之扩大解释为宗教的启示，而不会去找医生治疗。因为在开始的时候，我们绝不会想到，幻视也可能是医学上的；而且如果起了怀疑，或被发现的确有某些器官上的原因，可能会让人觉得“贬低”了眼睛所见的价值（当然，事实并非如此，因为价值、评估与病因学一点关系也没有）。

在这部分所描述的所有神游现象，或多或少都伴有清晰的器官上的病因（虽然一开始时并不清楚，需要小心检查才能找出来）。这一点丝毫不损及这些病例在心理学或灵性上的意义。如果上帝，或者那个永恒的秩序，可以对癫痫症发作时的陀思妥耶夫斯基说话，为什么其他器官的毛病，不能成为通往世间之外或未知之地的那一扇门呢？就某方面而言，这一部分正是探讨这样的心灵之门。

1880 年杰克逊描述了这类“神游”、“时空之门”或“梦境状态”会出现在某些癫痫症发作的过程中。他所使用的是最通俗的字眼：记忆重现。他写道：

> 如果没有其他的症状，我绝不应该单从记忆重现症状的出现来断定癫痫。虽然当高度活跃的精神状态出现频率过高时，还是可以怀疑有罹患癫痫症之可能；但病人从来不会只因为记忆重现而来就医。

大脑编织的神奇飞毯

不过我本人却看过这样的病人：他们因为强迫性的或突然发作的记忆重现来找我，例如听到声音、看到东西、回到某些现场或景象。这样的情形不只出现在癫痫病人身上，其他各种病症也会出现。这类的转移或记忆重现，在偏头痛的病例中也不乏其人，希尔德嘉德就是一个例子（见第二十章）。回到过去的感觉，不管是因为癫痫或药物中毒的关系，充满在《归乡》这个故事中（见第十七章）。单纯由药物或化学品引起的病例，构成了《63 岁的“不良少女”》（见第十六章）这个病例和《那段拥有狗鼻的时光》（见第十八章）里描述的诡异的嗅觉增强现象。《谋杀者》（见第十九章）当中可怕的记忆重现，则可能是痉挛或额叶的受损所引起的。

这一部分的主题，是谈论人的脑部颞叶与边缘系统受到不正常的刺激之下，所激发出来的想象力与记忆，如何使一个人心神改变的力量。这也让我们了解到一些有关掌管视觉与梦的大脑机制如何运转，以及让我们看到大脑是如何织起一张神奇的飞毯，将人带到天外一方。

*

* 第十五章　回荡在脑中的儿时记忆 *

欧康太太有点儿耳背，不过健康状况良好。
她住在一家老人院中。
1979 年 1 月的某个晚上，
她梦见了在爱尔兰的童年，
梦境如真，充满乡愁，
尤其是耳边响起阵阵跳舞、唱歌的乐声。
当她悠然转醒，乐声却依然不止，
非常响亮而清晰。

欧康太太有点儿耳背，不过健康状况良好。她住在一家养老院里。1979 年 1 月的某个晚上，她梦见了在爱尔兰的童年，梦境如真，充满乡愁，尤其是耳边响起阵阵跳舞、唱歌的乐声。当她悠然转醒，乐声却依然不止，非常响亮而清晰。

“我八成还在做梦。”她这么想，但这不是梦。她从床上坐起，人很清醒，却十分疑惑。当时正值半夜。她猜想，一定是有人没关收音机。但是为何只有她一个人被吵醒？每个找得到的收音机，她都检查过了，全都关得好好的。于是她又想，以前听说过补牙用的填充物，有时候会像晶体管收音机一样，接收到一些特别强的广播电波。“一定是这个原因，”她想，“我的某颗牙齿里的东西在作怪。情况不会太久，明天就找人帮我弄好。”她向值夜班的护士求救，护士小姐则认为她的牙齿看起来没什么问题。

就在这当儿，欧康太太的脑海又闪进一个问题：“哪一家电台，”她自问自答，“会刚好在半夜三更播放爱尔兰歌曲？而且只播歌曲，连一点介绍都没有，又刚好都是我知道的歌？哪一家电台会只播我的歌，而不播别的？”想到这里，她问自己，“难道这家电台是在我的脑袋里？”

这下子她完全乱了方寸，而那音乐还是一样那么大声。她最后的希望落在她的耳鼻喉科医生身上。他应该会安慰她，告诉她那只是因为听力不好而引起的“耳鸣”，没什么好担心的。但是当她隔天去看病的时候，医生却说："不，欧康太太，我不认为这是耳朵的问题。有点儿唧唧声或嗡嗡作响是有可能，但是一整套爱尔兰歌曲，唔，这跟你的耳朵没关系。或许，"他继续说，"你该去看看精神科医生。"

欧康太太又去看了精神科，医生却也说："不，欧康太太，不是你神志不清。你没疯，疯子不会听到音乐，他们会听到'说话的声音'。你该去看一个神经科医生，他是我的同事，萨克斯医生。"所以欧康太太才找上门来。

耳朵里有声音响个不停

要跟她交谈可不轻松，部分原因是由于她耳朵不灵光，但更多时候是因为她听到的音乐太大声，我的话都被掩盖了，只有当轻柔一点的音乐出现时，她才听得到我在说什么。她看起来精神奕奕，没有神志不清或疯狂的迹象，但眼神看起来有点儿迷离，像是被什么吸引住了，半个人沉浸在自己的世界中。我检查不出她的神经系统有什么毛病。然而，我还是怀疑那音乐是"神经"上的问题。

欧康太太到底出了什么状况，竟会碰到这种怪事？她已经 88 岁，身体好得不得了，也没有发烧。她并未服用任何会混乱神志的药物。而且看得出来，她在前一天也是正常无碍的。

"会不会是中风呢，医生？"她问道，一边揣测我在想什么。

"有可能，"我回答，"虽然我从没看过中风会是这样的。可以确定的是出了点状况，不过你应该不会有什么大碍。不用烦恼，正常作息就是了。"

“要正常作息可不太容易，”她说，“如果你是我的话，你就能体会了。我晓得现在四下安静，可是耳朵里却充满了音乐。”

我想直接对她做一次脑电图检查，特别看一下脑部掌管音乐的颞叶，不过诡谲的病情，却让检查过了好一阵子才进行。因为就在检查之前，音乐突然变得比较小声，也没有一直响个不停。经过三天的折磨，她终于可以睡得着了，而且在歌和歌之间，也能跟别人交谈，听得到对方在说什么。

到我进行脑电图之前，她在一天之中只会偶尔听到片段的音乐，约莫十几次而已。当我们将她安置就绪，把电极装在她头上之后，我要求她静躺，不要说话，也不要“对自己唱歌”，只有当她在检查过程中听到任何歌曲时，才微微举起右食指（这个动作不会影响脑电图的检测结果）。在两个小时的记录当中，她举起食指三次，每次她有动作时，也都是脑电图笔急促记录的时候，而所画出来的颞叶脑波，又尖又密。

这一点肯定了她的确具有颞叶部位的癫痫症状[1]。就如杰克逊所猜测，后来经由彭菲尔德[2]（Wilder Penfield）所证实的，“记忆重现”的现象，十之八九都跟这个原因有关。但是她为什么会突然得了这种怪病呢？进行了脑断层扫描[3]之后，结果显示，她的确在右颞叶的部分有一小块血栓或受伤的地方。那天晚上突然涌现的爱尔兰歌曲，以及其脑海中的音乐记忆突然又活跃起来，显然都是中风的结果。而当血块逐渐消失，那些歌曲也就渐渐淡去。

到 4 月中旬，欧康太太耳中的音乐已经全然消失，她又回归正常了。这时候我问她感觉如何，特别是她会不会怀念那些因为病症出现才听到的歌曲。“你问到这点挺好玩的，”她面带微笑地表示，“大致上而言，这对我是种解脱。不过，我真的有点怀念那些老歌。现在这些歌我又大半记不起来了。那时就好像上天再一次还给我早已失落的童年。而且有的歌实在是好棒。”

在我那些服用了左旋多巴的病人身上，我也听过类似的感慨。我的说法是“无法抑制的乡愁”。欧康太太的一番话，她那掩藏不住的乡愁，让我想到威尔斯[4]（H. G. Wells）一篇著名的小说《墙上之门》（*The Door in the Wall*）。我把这个故事告诉她，“就是这样，”她说，“它完全抓住了那种情绪、那种感觉。但我的门是真的，我的墙也是真的。我的门引我到那失落已久、尘封记忆深处的过去。”

怀疑自己精神有问题

我后来不曾再碰到类似的病例，一直到 1984 年 6 月，我被要求去探视欧麦太太，她也住在同一家养老院里。欧麦太太也是个八十多岁的老太太，同样有点儿耳背，也同样是脑袋灵光又机灵。她也是脑海中出现音乐，但有时是铃铃作响或轰轰的声音；偶尔她也会听到“有人在说话”，大半听起来像“在远处”，而且是“几个人一起在说话”，所以从来搞不清楚他们在说些什么。

她没有对任何人提起这个毛病，只是暗暗烦恼了四年，心想自己是不是精神不正常。当她从修女那里听到养老院里也曾经有类似的案例，她才松了一口气，也才能放开自己，向我坦承她的状况。

欧麦太太回忆，有一天当她在厨房碾磨防风草根时，一首歌就自动播放。那是《复活节进行曲》(*Easter Parade*)，接着，没隔两下，又传来《荣耀，荣耀，哈利路亚》(*Glory Glory, Hallelujah*) 和《晚安，甜蜜的耶稣》(*Good Night, Sweet Jesus*)。她跟欧康太太一样，原先都以为是收音机没关，但很快就发现所有的收音机都是关着的。这件事发生在 1979 年的时候。欧康太太的毛病在几个礼拜后就痊愈了，可是欧麦太太的音乐却响个不停，而且越来越严重。

起初她只会听到这三首歌，有时候是出其不意地自动出现，不过只要她刚好想到当中的一首，那首歌也会出现。所以，她试着不要去想，但这样做跟刻意去想，结果是同样的让人困扰。

“你喜欢这几首歌吗？”我以一种精神科医生的口吻问她，“它们对你有特殊的意义吗？”

“不，”她不假思索地回答，“我从来没有特别喜欢这些歌，我也不认为它们对我有什么特殊意义。”

“它们一直唱个不停，你有什么感觉？”

“我觉得憎恶，”她的语气很不悦，“这就像某个疯狂的邻居，一直在放同一张唱片。”

起先一年多一点的时间，她只听到歌曲不停地疯狂播放。后来，她脑袋里的音乐变得更复杂、更多样，虽然这应该算是病情加重，但对她来说反而是种解脱。她会听到无数的歌曲，有时候好几首一起播放；有时听到的是乐团演奏或合唱曲；而且偶尔也会听到人讲话的声音，或只是一些嘈杂的声音。

矛盾的音乐性癫痫症

当我检查欧麦太太时，除了她的听力，我找不出有什么不正常之处，而我所发现的唯一问题，她除了有点一般的内耳听力障碍外，在认知与分辨音调上相当困难。神经学称此为“失歌症”。而这一点特别跟脑部听觉颞叶或颞叶功能受损有关。她自己抱怨说，近来听到的教堂的歌唱，似乎每一首都越来越像；简直无法从音调上分辨出来，她需要看歌词，或是从节奏上来区分[5]。

虽然她曾经有一副好歌喉，但当我测验她的时候，她唱起歌来声调平板，没有高低起伏。她也提到，心里的音乐声，在乍醒之际最为清晰，当别的感官印象涌进之后，就没有那么清楚了。而在她的心思被占据，例如充满情绪、正在动脑筋的时候，音乐就没那么容易出现，当她专心看东西的时候，尤其如此。在她跟我谈话的那一个小时之内，只听到一次音乐，那是《复活节进行曲》的几个小节，声音又大又急，她几乎听不到我说话。

欧麦太太做了脑电图检查，结果显示在两侧颞叶的部位，电流强度非常的高而且频繁。这两个部位跟声音与音乐的呈现有关，也与唤起复杂的经验和景象的记忆有关。每当她“听到”任何声音时，高频的电波就变得又长又尖锐，震动得非常厉害。这证实了我原先所想的，她因为颞叶的问题而产生了音乐性癫痫症。

到底欧康太太和欧麦太太出了什么毛病？“音乐性癫痫症”听起来像个互相矛盾的字眼。因为音乐通常是充满感情和意义，而且跟我们内心深处某些事物有关，如果用托玛斯 · 曼的说法，就是“音乐背后的世界”。然而癫痫却是另一回事：只是原始、不规则的生理现象，完全未经选择、没有感情或意义在其中。

然而，这样的病症的确存在，病源都在颞叶的部位，也就是脑子深层记忆的部位出现了癫痫的现象。杰克逊 100 年前就曾经描述过这类病症，他从“做梦状态”、“记忆重现”与“生理性痉挛”几个方向来讨论这样的病情：

> 癫痫病人在发作前会经历既模糊又极度清晰的精神状态，这种情况并不罕见。这种过度清晰的精神状态，或称心智型癫痫前兆，在各个病例所呈现的不同预兆都前后一致，至少可以说基本上是一贯相通的。

保留点点滴滴的回忆

这样的描述，一直都被当成奇闻轶事来谈论；直到半世纪之后，彭菲尔德完成了杰出的研究，大家的想法才改变。彭菲尔德不仅能指出病情源自于颞叶，还能诱发出杰克逊所说的“极度清晰的精神状态”。通过对大脑皮质病变的部位施以轻微的电流刺激，他让处在手术中但意识清醒的患者，产生栩栩如生、巨细靡遗的“经验幻觉”。

电流的刺激马上唤起对声音、人或景物非常逼真的幻觉，患者犹如真实经历了这些幻觉、活在其中，不受手术室惨白气氛的影响，他们还会告诉在场的人一些活灵活现的细节。这种状况肯定了杰克逊 60 年前所描述的，病症的特征是“双重意识”：

> 发生的状况是产生新生的、类似寄生状态般的意识状态（做梦状态），而正常意识还留着，以致成了双重意识：一种心智的复视现象。

这段话恰如其分地表达出我这两个患者的状况：欧麦太太可以听到我说话、看到我，却听不清楚，因为如梦境般回响在她耳边的是震耳欲聋的《复活节进行曲》，或是另一首比较安静、但更深刻的《晚安，甜蜜的耶稣》（歌声让她犹如置身于常去做礼拜的三一街教会，那里通常会在九日祈祷之后，唱这首歌）。欧康太太也可以看到我、听到我的话，而同时存在的是跟其更深层的记忆有关的症状，爱尔兰的童年历历重现："萨克斯医生，我知道你在那里。我知道我是个住在养老院的中风老妇，但我感觉自己又回到小时候的爱尔兰，我感觉到妈妈的怀抱，我看到她、听到她在唱歌。"

如此的癫痫性幻觉或梦境，就像彭菲尔德的研究，从来不是天外飞来的幻想，总与记忆有关，都是些细节最清楚、最真切的记忆，并且伴随着记忆当初发生的感情。一些特别而且同样的细节，每次对大脑皮质加以刺激时都会出现，它们超越了任何平常能拥有的回忆。这一点让彭菲尔德认为，大脑几近完美地保留了每个人一生中每一次经历的记录。

人的意识里所有的涓滴细流都保存在脑海中，也因此，不管是正常的需要或生活情境，或是因为癫痫或电流刺激引发的特殊状况，都能将这些记忆激发出来或唤醒。由于这样不由自主的记忆与景象，林林总总又"荒谬"，彭菲尔德因此认为，这些重现的记忆基本上是无意义且没有规则可循的：

> 手术的时候可以看得很清楚，刺激出来的经验反应，可以是患者过去生命中曾出现的意识里的任何一小段（彭菲尔德继续描述一些他所刺激出来的特殊梦境或景象）；那时候可能是正在听某段音乐、在看舞厅的大门、在想象漫画里强盗的行为，刚从某个似真的梦境中醒来、跟朋友在谈笑风生、正在仔细地聆听小孩在做什么，以确定孩子还安全，也可能是在看闪亮的灯号、正躺在待产室里、刚好被某个坏蛋吓到了、或者看着人们进到屋里，衣服上还沾着雪花，也可能是站在街边，久远以前的孩提时代，观赏马戏团花车的情况。听到（看着）妈妈催促离去的客人，或者听到父亲与母亲合唱圣诞歌。

脑部的“十大金曲排行榜”

我真希望能够完全引用彭菲尔德这段精彩的描述。他的文字，就像我那位爱尔兰女士一样，呈现了奇妙的“个人生理学”，也就是关于自体的生理学。最令彭菲尔德印象深刻的是音乐性的症状，他提供了许多令人大开眼界，而且通常很好玩的例子，在超过 500 个颞叶癫痫病人中，他研究了其中 3% 的人有此症状：

> 我们很惊讶，患者因受电流刺激而听到音乐的次数竟然这么多。在 11 个案例中，引发音乐的刺激点有 17 处。有时候听到的是管弦乐，有时候是歌唱声或琴声或合唱。还有几次，患者表

示，听起来像是收音机的主题音乐，产生音乐的部位位于上颞脑回，包括侧面或上表面（而这个地方，也靠近一般所称的音乐性癫痫症的发病部位）。

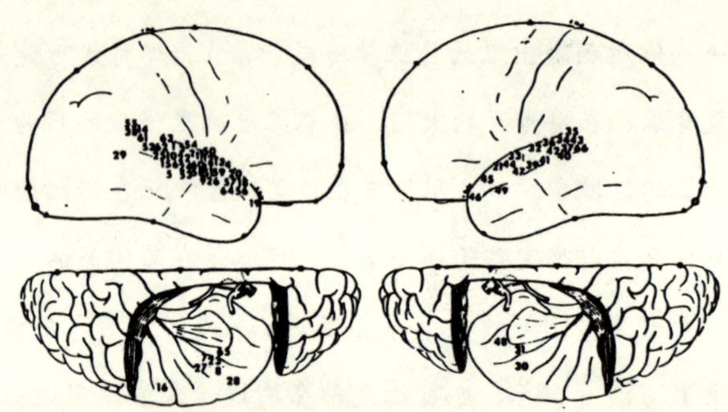

彭菲尔德提出的个案，很戏剧性、也很喜剧化地证实了这一点。下面的一览表是从他最后一篇报告中节录下来的：

《白色圣诞》（案例 4）。由唱诗班唱出。

《跟着一起摇滚》（案例 5）。非由病人指认出，但由手术房的护士在听到患者接受刺激之后哼着这首歌时认出。

《宝贝，再见》（案例 6）。由患者的妈妈所唱，不过也被认为是收音机节目的主题歌。

“曾经听过的一首歌，收音机上常常播放的。”（案例 10）

《噢，玛莉》（案例 30）。收音机节目的主题歌。

《教士圣战进行曲》（案例 31）。这首歌出现在患者的一张唱片《哈利路亚大合唱》里。

“妈妈爸爸唱圣诞歌。”（案例 32）

“男孩与女孩的音乐。”（案例 45）

《你永远都不会知道》（案例 46）。从收音机里常常听到的歌。

在每一个个案身上，音乐都是一成不变、定型的，就像欧麦太太的情况。一而再、再而三地听到同样的调子，不管是经由当下抽搐的过程，或者是经由电流刺激发作点，结果都是一样。这些调子不只是收音机常播放，也常出现在幻觉性的脑部病变中。可以说，它们是“脑皮层十大流行歌曲”。

深入了解音乐背后的世界

我们一定会好奇，究竟是什么原因，某些特定歌曲（情境）会被特定的患者“选择”在幻觉时重现？彭菲尔德也想到了这一点，而且觉得这种选择没有什么理由，也没有什么意义：

> 即使确切知道这种可能性，还是很难想象说，某些微不足道、出现在受刺激或癫痫时的事件或歌曲，对患者会有任何情感意义。

他的结论是，选择什么歌曲，是“相当随机的，除非某些证据显示，当时有受到大脑皮质的制约作用”。这样的说法、这种态度，可以说是属于生理学的。彭菲尔德或许是对的，但会不会还有更多他没有说到的？他真的“确切知道”、足够了解这些歌曲的情感意义吗？他足够了解托玛斯·曼所说的“音乐背后的世界”吗？一些肤浅的问题，例如“这首歌对你有特殊意义吗？”这样的问题够深入吗？

从研究“自由联想”上，我们很清楚地知道，一些看起来最微不足为道、或是偶尔闪过的念头，很可能具备我们所没预料到的深刻与心灵的共鸣，而这只有透过深度的分析才会显现出来。显然，彭菲尔德并没有进行这样深度的分析，其他的生理学、心理学也未曾探究到。我们不清楚这般深度的分析是否有必要，不过，若有这样一个千载难逢的机会，遇到歌曲与景象混杂出现的症状，总该做个尝试。

我很快就再回去找欧麦太太，试着诱发她对那些歌的联想和感情。这或许是不必要的，但我觉得值得一试。一件重要的事已经浮现出来：虽然她无法有意识地说出对这三首歌有什么特殊的感情或意义，但现在她想起来，而且经身边的人证实，她早在中风之前，就常无意识地哼这几首歌。这一点显示，这些歌早已经过无意识的“选择”，而这样的选择后来被一个力量更高级的器官疾病取代。

如今这些歌还是她的最爱吗？现在它们对她有没有意义？拜访欧麦太太之后一个月，《纽约时报》（*New York Times*）上的一篇文章《肖斯塔科维奇[6]有个秘密吗？》（*Did Shostakovich Have a Secret?*）提到，根据一位中国神经学者王博士的说法，肖斯塔科维奇的“秘密”是一块金属碎片，一片子弹的碎片在其左颞部脑室里面游移。而肖斯塔科维奇很显然不愿意拿掉这个碎片：

> 他说，由于碎片的存在，每次他把头歪一边时，就可以听到音乐。他的脑袋中充满了旋律，而且每次都不一样，他在作曲时就拿这些旋律来当素材。

X光的检查也发现，当肖斯塔科维奇的头偏向一边时，碎片就跟着游移，压迫其“音乐”颞叶，在他作曲时，旋律就源源不绝地流出，让这个天才有东西可用。《脑与音乐》（*Music and the Brain*）的主编汉森博士（Dr. R. A. Henson），说过一句相当讽刺却又不尽然是嘲弄的话：“我迟迟不敢说这事绝不可能发生。”

响应内心深处的需求

看了这篇文章之后，我把它拿给欧麦太太看，而她的反应既强烈又坚定。“我不是肖斯塔科维奇，”她说，“我无法利用我的歌。况且，我已经厌烦透了，老是同样的调子在重复。音乐性的幻觉对他来说可能是上天的恩赐，但对我来说，不过是件惹人厌的事。他不想要治好，我可是想要得不得了。”

我对欧麦太太进行抗癫痫的治疗，她立刻就不再受到音乐的干扰了。最近我又见到她，于是问她是否还想念那些音乐。“才没有呢。”她说，“没有它们，我的日子好过多了。”但就像我们所见的，欧康太太的情况又不一样了。她的幻觉更复杂、更神秘，是一种更接近内心深处的幻觉，即使其产生的原因也不确定，在心理层面上却有很大的意义和用处。

在欧康太太这方面，她的癫痫症无论就生理或个人的性格与影响来看，的确从一开始就不一样。起初的 72 小时，她几乎持续地在发作，或处于癫痫发作的状态，同时伴随了脑颞叶中风。病情可说是来势汹汹。其次，病情发作时，也会产生很强烈的情感（这点也有其生理因素，主要是突然的中风，对于脑部深处的感情中枢产生干扰，同时严重影响到颞叶），还有很鲜明的幻觉内容（充满了对过去的缅怀），让她不由自主地感觉自己又变回小孩子，在她早已不复记忆的家乡，承欢于母亲的怀抱中。

很可能，像这样既有病理也有个人成分在其中的癫痫症，致病的原因出自脑部一个特别的部分，但也同时与某个心理状况和需要吻合。威廉斯（Dennis Williams）于 1956 年时就曾报告过这样的案例：

> 一个具有代表性的个案是 31 岁的病人（病历编号是 2770）。他主要的病症是癫痫，发生在当他发现自己置身于一群陌生人之中时。病症发作时，他会产生视觉记忆，看到家中的父母，产生“回家真好”的感觉。他将它描述成一项非常美好的记忆。他还会起鸡皮疙瘩，时冷时热，而且每次发作时都伴随了痉挛的症状。

威廉斯对这个惊人的故事没有进行很好的相关分析，没有厘清所出现的几个症状之间的关系。患者的感情被当作纯粹是生理作用，即不正常的“难以抑制的快感”。而他回到家的感觉与本身寂寞之间的关系，也同样被忽略。当然，他也许是对的；或许这一切完全只是生理作用；但我忍不住会去想，如果一个人一定要得到这种病，那么病例编号为 2770 的这个人，刚好在恰当的时机，得了恰当的病。

重拾失落已久的童年记忆

在欧康太太这方面，那种回到家的需要是更长期而深沉的。因为她的父亲在她出生之前就过世了，她的母亲在她不到 5 岁时也过世了。她孤零零的一个人被送到美国，与一个相当古板的老处女姑妈同住。欧康太太对她 5 岁以前的生活完全记不得，她想不起母亲的样子、没有对爱尔兰或“家”的记忆。她总是为此而深感痛苦、忧伤，因为她生命中最早期、最宝贵的那几年，她竟然毫无印象，或者完全忘记了。

她一直试图去捕捉失落的童年记忆，却从未成功。如今，在梦中，以及随梦而来、一段很长的“如梦般”的状态中，却让她成功地重拾已经遗忘的重要感觉，也就是那失落的童年。她的感觉，绝不只是“难以抑制的快感”，而是一种深深拨动心弦的喜悦。就像她所说的，那就像打开了一扇门：一扇在她一生中一直紧闭的门扉。

在莎拉曼（Esther Salaman）那本《无意识的记忆》（*A Collection of Moments*）的精彩著作中，她说到保存或重拾“童年神圣宝贵记忆”的必要性，也说到，如果生命没有这些记忆，将会何等的贫乏而“不见天日”。她提到重拾童年记忆所带来的深沉的喜悦，以及对事实的感受，而且她引用了许多精采的自传式的话，特别是陀思妥耶夫斯基与普鲁斯特的话。我们都是“从我们的过去被放逐”，她写道，也因此，我们需要“重拾过去”。

对已近 90 高龄，漫长寂寞的一生即将接近尾声的欧康太太来说，重拾这段“神圣而宝贵”的童年记忆，这段如同奇迹般的回忆，等于是打开了那扇紧闭的门。而令人啼笑皆非的是，这样的记忆却是由脑部的病变所带来的。

欧康太太跟欧麦太太不同的是，后者的脑部病变所引起的症状让人疲惫而厌烦，而欧康太太的病况反而让她从心灵深处得到重生。它们让她的心理上有了踏实的感觉；也重拾了几十年来被切断、“放逐”的最基本感觉，她终于拥有了真正的童年与家的感觉，终于得以在母亲的怀抱中享受关爱。不像欧麦太太想要接受治疗，欧康太太则拒绝接受抗痉挛的药物，她说：“我需要这些记忆，我需要现在发生的事，何况这一切就快要自行结束了。”

生活原来是这样安宁和平静

陀思妥耶夫斯基在癫痫症状发作时，也有身体上的痉挛或“天马行空的精神状况”。他曾说过这段话：

> 你们所有健康的人，无法想象我们癫痫患者在发作前一秒钟那种快乐的感觉；我不知道这一次美妙的经验将持续几秒钟或几小时、几个月，但是相信我，我绝不愿意拿我的病来交换生命里的其他任何快乐。

欧康太太应该可以体会这一段话。她也知道，病症发作时是什么样的美妙滋味。但这样的病对她来说反而是正常与健康的极致，就像一把钥匙或一扇门，通往正常与健康。正因为这样，她把自己的病当成是健康、当成是治疗。

当她症状减轻，渐渐从中风复元时，她有段时间非常想念她的病，而且觉得害怕。“门要关起来了，”她说，“我又要失去这一切了。”

4 月中旬时，她真的失去了儿时的景象、音乐和感觉；失去了能够开回童年世界、突然出现的癫痫列车。这段经验，无疑是真真切切的记忆重现，因为就像彭菲尔德所确认显示的，这一类的癫痫症会捕捉且重新产生一段事实，一段经验的事实，而绝非幻象：那是一个人的生命和过去经验中，确实存在过的某个片段。

只不过，彭菲尔德总是以“意识”来说明，生理的痉挛仿佛攫获或重演了部分的意识流或意识现实。在欧康太太身上特别重要、令人感动的是，癫痫引起的记忆重现，却捕捉到了某些她无意识的事情，即幼年的经历。这些经历不是已经淡去，就是受到意识的压抑，却通过癫痫回复，成为完全的记忆与意识。

因为这个理由，我们需要假设，虽然生理上那“一扇门”是关闭的，经验本身并没有遭到遗忘，反而是在脑海中留下深刻而长久的印象，而记忆重现是非常重要且具有治疗效果的。“我很高兴我生病了，”事情过后，她说，“这是我一生中最健康、最幸福的一段经验。我不再有一大段空白的童年。现在我不能记得细节，但我知道它一直在那儿。过去从来没有过如此圆满的感觉。”

她的话里没有赘言，一字一句都是勇敢而真切的。欧康太太的病的确产生了某种“皈依”的作用，赋予一个原本没有中心的生命一个中心，还给了她失落已久的童年回忆。而她也因此获得了过去所没有的平静，这样的感觉会持续到其生命终了：只有那些拥有过，或重新忆起真正过去的人，才能获得心灵上无比的平静与安宁。

*　*　*
后记
*　*　*

“病人从来没有只因为‘记忆重现’而来看病。”杰克逊医生说，相反地，弗洛伊德则说过：“精神衰弱症（神经症）就是记忆的重现。”不过可以很清楚地看到，两个人都用这个名词，指的却是完全相反的两回事。心理分析的目标，是要以对过去真实的记忆或回想，来替代错误或虚幻的“记忆重现”；而生理的癫痫所引起的，无论是细微末节的，或是深刻的事物，正是这类真实的记忆。

我们知道弗洛伊德相当欣赏杰克逊，但我们知道，活到1911年的杰克逊却从没听过弗洛伊德这号人物。

像欧康太太这样的病例之所以美好，在于它既是杰克逊式的“记忆重现”，也是弗洛伊德式的“回忆”。她患上了杰克逊式的记忆重现，但这样的病症反而成为一股安定和医治的力量，变成了弗洛伊德式的回忆。

类似的病例是很宝贵而令人鼓舞的，因为它们就像生理与个人之间的一座桥。如果我们有心的话，它们也指点了未来的神经学，那将是与人的实际经验息息相关的神经学。我想，这样的说法不会触怒杰克逊医生，或让他觉得惊讶。实际上，可以肯定的是他也曾经这么梦想过。早在1880年当他写到“做梦状态”与“记忆重现”时，就这么想过。

彭菲尔德与佩罗（Perot）将他们的研究报告命名为《视觉与听觉经验的脑部纪录》（*The Brain's Record of Visual and Auditory*

Experience)，我们或许现在可以思考一下这样的内在“纪录”会是什么样的形式。这些完全个性化的癫痫症状出现时，会发生（一段）记忆完全的重现。那么，我们会问，这样的经验又是如何重新建立的？是类似于电影或录像带，通过脑中的放映机播放的吗？或者只是类似的，逻辑上比较初始的东西，如剧本或草稿之类的？

我们生命的每一幕剧，最后的形式与自然的样子究竟是怎样的？是否，生命的剧本不只提供了记忆与重现的记忆，也关乎我们每个层面的想象，从最简单的感觉到活动的影像，到最复杂的想象世界、景物都包括在内？生命的一幕剧、一段回忆、一番想象，都绝对属于个人，精采绝伦且独一无二。

记忆与心灵的本质

我们病人所发生的记忆重现，引发了对于记忆本质的基本问题，在其他的失忆症或过度记忆（见第二章与第十二章）的故事中，也产生同样的问题。对于认知本质的类似问题也出现在辨识不能的病人身上，例如皮博士戏剧性的视觉失认症（见第一章），以及欧麦太太和艾米丽对于声调与音乐的失认症（见第九章）。

运动机能障碍或神经性运动不能症，某些智能不足，或者脑前额叶神经性运动不能的患者，则让我们看到关于行为本质方面的问题。这些患者的神经性运动不能症可能严重到病人无法走路，失去让他们知道两条腿如何迈动的“运动旋律”。在《觉醒》中，我们看到帕金森症患者也会发生这样的症状。

欧康太太与欧麦太太受到记忆重现症状的困扰，旋律与景象一直不断涌现，那是一种过度的记忆与过度的感受认知。相反，我们那些失忆与失认症的病人，则失去（或渐渐失去）内在的景象或旋律。两种现象都见证了人的内在存在着基本的旋律与景象的天性。这也就是普鲁斯特所说的记忆与心灵的本质。

对这类病人大脑皮质的某一点加以刺激，马上会引起一阵阵普鲁斯特式的意识流或回忆。到底是什么东西在作用？我们不禁怀疑。哪一种大脑组织能让这样的反应产生？我们目前对于大脑皮质运作与产生的现象，还停留在基本的计算机表达式的概念。因此，对于脑部的运作，多半还是以系统、程序、阿拉伯数字等方式来措辞。

然而，只有系统、程序与阿拉伯数字的概念，就能提供给我们丰富的视觉、戏剧性、音乐性，这类由鲜明的个人特质所赋予的质感经验吗？

答案很明显，甚至可以大声说："不！"用计算机的概念来呈现脑部的运作，即便是像马尔与伯恩斯坦两位（专精于此领域的伟大开创者与思想家）那样精确复杂的描述，都没有办法让画面重现。因为正是这些画面织出了生命织锦的丝丝缕缕。

大脑像魔法织布机

因此，我们从患者身上所得知的，与生理学家所告诉我们的之间出现了差距，应该说是一道鸿沟。这中间有没有可以跨越的桥梁？或者，如果不同领域难以跨越，有没有任何概念可以超越那些计算机机械性的理论，可以帮助我们更了解人性面的、普鲁斯特式的心灵，以及生命回忆？

简单来说，在机械式、谢林顿式的理论之上，能不能有一种个人式或普鲁斯特式的生理学？谢林顿自己在其所著的《论人之本质》（*Man on His Nature*）一书中，也大略提到这个方向。在书中，他想象人的脑部运作，就像一台“魔法织布机”，一直织出各种花样，但总是有其道理可循，它所织出来的，实际上就是具有意义的样式。

有意义的样式的确可以超越纯格式或计算机化的程序或模式，容许涵盖所有回忆、认知与动作里的个人基本特质流露出来。如果我们问，这类模式会有哪些形态或组织，答案马上跃然心中（而且是无法避免的）。个人的模式，或个人化的模式，必须以剧本或乐谱的方式呈现，就如同抽象的样式，计算机式的样式，需要以系统或程序的方式来呈现。因此，在大脑的程序之上，我们一定还孕育了大脑剧本或乐谱。

《复活节进行曲》的乐章，我推测，早就深深印在欧麦太太的脑海中。在最初的那一刻，耳中听到、心中感受的，令人印象深刻的体验，全都留下烙印。欧康太太的情况也差不多。在她脑中“有剧情”的那部分，虽然表面上是遗忘了，却依然可以再恢复；这部分记忆一定烙上了她戏剧性的儿时景象。

我们也要指出，就彭菲尔德的病例来看，即使只是除去一点点大脑皮质中癫痫，把引起记忆重现的痉挛点除去，都可以完全地去掉不停涌现的景象。对某些事情完全的记忆重现或记忆旺盛的现象，可以因此而换成完全的遗忘或失忆。

在此有件特别重要、也格外惊人的事值得一提：所谓的“精神外科手术”，或通过脑神经手术来改变人的自我认知，是真的可能实现的事情。这样的手术，远比一般的截肢与脑叶切除手术要更精细，而且更专业。它可能阻碍人格发展，甚至使得人性情大变，不过还是无法触及人的经验。

所谓的经验，必须要等到它按照每个人的特性而组织起来，才可能存在；若非如此，行动也不成为行动。脑子对每件事的纪录，每件活生生的事，都必须是以个人为映照的。即使信息初期的形式可能是计算机式的或程序型的，而脑子最后记录的，都是个人化之后的形式。大脑最后呈现的纪录，一定是“艺术”，可以说是经验和行动的艺术化景象与旋律。

双管齐下

同样的道理，如果脑中的景象受到伤害或损害，如失忆症、失认症、神经性运动不能症的状况，要重组这些景象（若是可能的话），必须双管齐下。尤其像苏联神经学者在发展的医疗方式；或者直接针对内在的旋律与景象对症下药（就像《觉醒》、《单脚站立》和本书中的一些案例，特别是第二十一章的案例）。任何一种方式都可以采用，也可以齐头并进。想了解或帮助脑部受伤的病人，“系统化”与“艺术化”的治疗，最好两者兼顾。

这一切在 100 年前就已经有人提到了，杰克逊起初对于记忆重现的描述（1880 年），科萨科夫所研究的失忆症；弗洛伊德与安东在

19 世纪 90 年代对于失认症所探讨的，都是这个方向。他们敏锐的洞察已经多半被遗忘，因为后来兴起的系统生理学而光彩不再。如今是重新回顾和应用这些理论的时候了，好让我们这个时代能有崭新、美丽的“存在”科学与治疗，可以与系统的理论相结合，提升我们全面的理解与能力。

从一开始出版本书，我已经诊断过数不清的音乐性“记忆重现”病例。显然，在年纪大的人身上，这样的毛病很常见，只是他们因为害怕而不敢去看医生。偶尔也会发现严重或特别重要的病例（如欧康太太、欧麦太太的状况）。就像《新英格兰医学期刊》（*The New England Journal of Medicine*）在 1985 年 9 月 5 日出版的那一期所刊登的，这些毛病是因为中毒所引起的，例如服用过多的阿司匹林。

罹患严重神经性听障的人，可能也会有音乐的“幻象”。但绝大部分的病例，都找不出病因，而且他们的症状，虽然挺烦人的，基本上却都不严重。至于为什么脑子管音乐的那个部分，比任何一个部分更容易在老年人身上“释放”音乐，仍然是个谜。

* 注释 * *

1. 导致癫痫发作的神经元放电或损害影响到整个或部分颞叶的局限性癫痫。——编者注

2. 加拿大著名医生，曾用微电刺激法全面而详细地绘制出大脑皮

层的分工图。——编者注

3. 就是我们平常所说的CT。——编者注

4. 乔治·威尔斯是英国的科幻宗师，其代表作有《时间机器》(*The Time Machine*)、《隐形人》(*The Invisible Man*)等。《墙上之门》写的是一个小孩在伦敦街头发现雪白的墙上有一扇翠绿的门，他好奇地想打开，却发现自己置身于一个奇妙的世界中。——编者注

5. 我的病人艾米丽·D患有类似的音调和表情的失认症（失语韵症），参见第九章《谎言不侵的世界》。

6. 肖斯塔科维奇（1906~1975），苏联重要的作曲家之一，创作了大量交响乐和弦乐四重奏等，也创作歌剧。——编者注

* *

第十六章　63 岁的“不良少女”

*

她说学逗唱时连珠炮般的市井俚语和腔调，
还有一副老油条的样子，
都让人想起早年的不良少女。
对这个情况，
没有人比患者自己更惊讶了：“实在太奇怪了，”
她说，“我真搞不懂。
我已经 40 年没有想过、听过这些事了。
没想到我还知道怎么说。
现在它们一直不断地流进我的脑袋。”

如果说治疗患有癫痫症或偏头痛的病人时，偶尔会遇到“记忆重现”的情况，那么在我那些使用左旋多巴而变得兴奋的脑炎后遗症病人身上，这种现象就很常见。因为屡见不鲜，我自己都称左旋多巴为“某种奇怪的个人时间机器”。尤其是某位病人身上所出现的状况，实在是太戏剧化了，所以我将她的案例投稿到 1970 年 6 月号的《柳叶刀》(*Lancet*) 季刊。接下来就是当时所写的那篇文章。

在文中我所思考的，是极端的、杰克逊式的“记忆重现”，这种症状主要是遥远尘封的记忆突然大量涌现。后来在《觉醒》一书中，我重写了这位病人的病史，则较少从“记忆重现”的角度来思考，而是多以“停滞”来形容（我在该文中写道：“是不是她的生命在 1926 年之后，就是一片空白？”)。同样的措辞，哈罗德·品特[1] (Harold Pinter) 也曾在《一种阿拉斯加人》(*A Kind of Alaska*) 一书中，用来描述黛博拉的状况。

左旋多巴最惊人的作用之一，是某些脑炎后遗症的病人服用之后，会频繁地出现非常早期、而且已经销声匿迹好一段时间的症状或行为。我们已经谈到会有呼吸暂停、眼动、运动机能过度亢进及抽搐等症状。同时也观察到，许多跟“冬眠”有关的初期症状，例如肌肉痉挛、暴食、暴饮、性欲亢进、中枢性疼痛、强迫性等。在更高层次的功能上，也看到一般受情感控制的道德思考、思维系统、做梦及记忆等，都有回到过去而且变得活跃的现象。而这些功能早已被遗忘、压抑，或者受到运动机能不足，甚至是瘫痪或脑炎后遗症的压迫，已经不再活动了。

往事浮现脑海

因为左旋多巴引起的强迫性记忆重现症状，在一名63岁的妇人身上表现得最厉害。她从18岁起就因脑炎后遗症，而产生越来越严重的帕金森症症状；也因为几乎是持续的昏睡状态，而在疗养院里住了24年。左旋多巴起先非常有效地使她从帕金森症与眼动过度中得到解脱，让她差不多可以正常说话和行动。很快地，（就像其他几个病人一样）她出现了过度亢奋与任性而为的现象。这个时期最显著的症状就是回到过去，十分快乐地认同她年轻时期的自我，同时也无法控制地出现从前与性有关的回忆和幻想。

病人要了一台录音机，在几天内录下了数不清的淫秽歌曲、黄色笑话和打油诗。所有的素材都是来自于20世纪20年代末期一些聚会时的蜚短流长、淫秽漫画，或者夜总会的表演。她说学逗唱时连珠炮般的市井俚语和腔调，还有一副老油条的样子，都让人想起早年的不良少女。对这个情况，没有人比患者自己更惊讶了："实在太奇怪了，"她说，"我真搞不懂。我已经40年没有想过、听过这些事了。没想到我还知道怎么说。现在它们一直不断地流进我的脑袋。"

因为她一直持续亢奋，需要把左旋多巴的药量减少。而这样做的结果，病人虽然开始变得比较有条有理，却也马上把所有早年的记忆忘得一干二净，再也想不起来任何一小段她所录的歌了。

强迫性的记忆重现，通常跟“似曾相识感”，或杰克逊医生所说的“双重意识”有关。比较常见的状况是在偏头痛或癫痫症发作时出现，或在服用了安眠药，以及精神病发作的状态下产生。而比较不那么戏剧化，且每个人都可能体验到的，是当我们听到某些话、声音，看到某些景象，特别是闻到某些气味时，都会强烈地刺激记忆重现。

根据记载，发生眼动过度时，也会使回忆突然大量涌现。祖特（Zutt）曾经描述一个病例，其中有“成千的回忆一下子涌进患者的脑中”。彭菲尔德与佩罗过去曾通过刺激大脑皮质上癫痫症的那一点，成功地引发了某些固定的回忆。他们据此推论，自然产生或人为引发的脑痉挛，会重新激发脑部“已成了化石的回忆”。

开启记忆之锁

我们认为，病人（跟每个人一样）脑中堆积了无数“休眠”状态的记忆，其中有些在特殊的状况，尤其是大量刺激时，会重新活跃起来。这些记忆的路径，例如大脑下皮质层记载了许久以前，一些不会浮现于精神生活层面的事件，仍然鲜明地刻画在神经系统内，因为没有受到刺激，或者存放得太好了，记忆可能永远都处于休止状态。而这些记忆被再度启动所造成的效应，可能完全一样，而且具有相互影响的可能。尽管如此，我们怀疑，只是说患者的记忆被疾病所“压抑”，后来又因要响应左旋多巴所造成的过度亢奋而“予以降低”，可能还不足以形容患者的记忆状态。

因为左旋多巴、脑部探针、偏头痛、癫痫、眼动过度等所引起的强迫性记忆，都可视为是一种记忆重新被激发的现象；因为年纪大或酒醉的时候，引起不停地回忆往事，则比较像是记忆从深锁之处松脱，或者一条记忆的重现。所有这一切的状况都能“释放”记忆，也都能让人再一次地体验过去，重新界定过去。

* 注释 * *

1. 哈罗德·品特（1930~2008），英国著名作家。一生获奖无数。《一种阿拉斯加人》讲述了一名昏迷了29年的女子黛博拉苏醒后发生的故事。——编者注

*　　　*　　# 第十七章　归乡　　*

巴嘉罕蒂对外界的刺激已然不具反应，
整个人像被自己的一片天地裹住般，
纵使合着眼，嘴角仍浮现那若隐若现的满足的笑容。
“她在归途中，”看护人员这么说，“过不了多久，她就会到达那儿了。”
三天后，巴嘉罕蒂离开了人世，或者该说，
她完成了前往印度的旅程，落叶归根了吧？

巴嘉罕蒂是位罹患恶性脑瘤的19岁印度女孩，1978年来到我们的疗养院。她的肿瘤是星形细胞瘤，第一次发病是7岁时，但当时恶性的成分很低，完全在掌控的范围内，可以完全切除，并恢复功能，让她重返正常的人生。

她的病10年之内都没有再发作，这期间她尽情享受人生，她是个开朗的女孩，带着感恩和有自知之明的心情尽兴过日子，因为她知道有颗“定时炸弹”在她的头部。

18岁那年，肿瘤卷土重来，如今已成为更具侵略性和恶性的东西，且无法切除。减压手术造成了肿瘤扩张，也造成了左侧身体的软弱无力和麻木，同时带来不定时的癫痫发作和其他问题。于是，巴嘉罕蒂住进了我们医院。

一开始她相当坦然，似乎完全听天由命，但仍渴望走入人群，做些事情，在她有生之年享受和体验人生。肿瘤寸寸逼近她的颞叶，而减压手术的部位也因脑压增高而隆起（我们使用类固醇以减轻她的脑水肿），她的癫痫发作得更频繁，也更怪异。

原本的癫痫是大发作型的痉挛，这种情形只是偶尔会发生。不过她新的病情却有全然不同的特性。她没有丧失知觉，但看起来（或感觉上）却好像“在做梦一样”。很容易确定的是（可用脑电波图确认），此时她正经历颞叶痉挛的频繁发作，而这种情况就像杰克逊所言，通常会出现“梦境”和非意志控制的“记忆重现”症状。

熟悉的梦境

很快，这种模糊的梦幻状态变得更明确、更具体、更富视觉特征，梦中开始出现印度的景象，有景致、村落、屋宅、庭园。这一切，巴嘉罕蒂一下子就认出，正是她所熟知且钟爱的童年乐土。

“这使你感到痛苦吗？”我们问她，“我们可以改变用药。”

“不，”她带着祥和的笑颜，“我喜欢这些梦，它们引领我回到故乡。”

有时，梦境中会有人群，通常是来自她故乡村庄的亲人和邻居们；偶尔会有谈话、或有吟唱、或有舞蹈；她曾置身教堂中，也曾到过坟场，但绝大部分见到的是平原、田地、村落旁的水稻田，还有那些低矮适于耕作、连绵推向地平线的山岗。

这些都是颞叶痉挛发作的结果吗？乍看之下似乎是这么回事，但现在我们却没有那么确定了，因为颞叶发作（如同杰克逊所强调的，以及彭菲尔德通过对暴露的大脑进行刺激所能确认的。参考第十五章）具有相当固定的模式：单一的景象或歌曲，随着大脑皮质里的痉挛点，不断地重复着。

然而，巴嘉罕蒂的梦却并非一成不变，在她眼前的景观不断地改变，然后又慢慢地淡去。会不会是因为当时接受大剂量的类固醇，造成中毒而产生幻觉？这似乎是可能的，但我们无法降低类固醇的用量，不然她可能会因此陷入昏迷，并在短短几天内死亡。

有所谓“类固醇精神病”的患者，常会情绪激动、行为混乱，巴嘉罕蒂却始终头脑清晰，温和冷静。用弗洛伊德学说的观点，它们会是幻觉或梦吗？或是偶尔会出现于精神分裂症的梦状精神分裂？这又是我们无法确定的。

虽然梦境有如跑马灯，但很明显那些幻想全是她的记忆，它们跟正常的意识与知觉并肩共存（就如杰克逊所说的“双重意识”），而且并未伴随过度的情感意义或强烈的激情。它们似乎更像一幅幅图画或一首首交响诗，时而快乐，时而悲伤，生生不息地被唤起、再被唤起，来来回回造访一段心爱与怀念的童年。

谜样的微笑

日复一日，周而复始，那些梦境、幻象，来得愈加频繁，渐渐深入。现在它们已非偶然为之，而是占据了大半日子，我们会见到她入神忘我，好像在昏睡状态，一会儿紧闭双眼，一会儿睁开眼却视而不见，脸上永远浮现着浅浅的、谜样的微笑，任何人只要靠近她或询问她事情，例如护士要做些例行的工作，她也会神智清楚、有礼貌地立即做出反应。但即使是医院的清洁人员也会感觉到，她活在另一个天地里，我们实在不该去打扰她。

我分享着她这种感觉，虽然好奇不已，却无意去深究。有一次，也就只有那么一次，我对她说：“巴嘉罕蒂，怎么回事？”

“我快死了，”她回答，“正要回家去，回到我的故乡。你可以说是落叶归根。”

又过了一周，巴嘉罕蒂对外界的刺激已然不具反应，整个人像被自己的一片天地裹住般，纵使合着眼，嘴角仍浮现那若隐若现的满足笑容。“她在归途中，”看护人员这么说，“过不了多久，她就会到达那儿了。”三天后，巴嘉罕蒂离开了人世，或者该说，她完成了前往印度的旅程，落叶归根了吧。

* * 第十八章　那段拥有狗鼻的时光 *

我走进诊所，像狗一样地抽动鼻子，
在我还没有看到人之前，我已经嗅出来，
有 20 个患者在那儿。
每个人都有其味道上的面貌，一张味道的脸，
这比任何视觉上的脸孔更鲜明、
更容易让人想起，也有更深的意义。
我能闻出人们的情绪：恐惧、满足、性欲高涨，
就像狗一样灵敏。

斯蒂芬，22 岁，医学院学生，因为吸毒（古柯碱、粉状麻醉剂，主要是安非他命）而处于亢奋状态。

他晚上做梦，梦境历历如真，梦到自己变成一条狗，在一个超乎想象，充满了各种味道，而且味道的意义非凡的世界（水的味道是快乐，石头的味道是勇敢）。醒来之后，他发现自己正处于这样一个世界："就好像我过去是完全的色盲，却突然发现自己置身于一个色彩缤纷的世界。"事实上，他连对色彩的视觉能力都增强了。（"以前，我看起来只有一种棕色的地方，现在我可以辨认出十几种棕色。我用书皮包起来的书，以前每本看起来都差不多，现在每一本都可以分出不一样的色调。"）

同时，他的视觉认知能力与记忆力也戏剧化地增强了（"我以前不会画画，我没办法在心中'看见'东西，如今却好像心里有台照相机。我'看得见'每一样东西，它们就好像投射在纸上一样，我只要把我看到的东西的轮廓画出来；我也突然可以画出最精确的解剖学图。"）

嗅觉像狗一样灵敏

不过，真正改变他的世界的，则是如潮涌般而来的味道："我梦到自己是一条狗，这是一个嗅觉的梦，而我却真的在一个味道多得闻不完的世界里醒来。在这个世界里，其他感官能力再强，跟嗅觉比起来，还是略逊一筹。”随着这一切而来的，还有某种颤动、急切的情绪，以及一种无名的乡愁，犹如在一个失落的世界里，仿佛想起，又不太记得的乡愁[1]。

“我走进了一间香料店，”他继续说，“我的鼻子向来不太灵光，但现在却可以马上分辨出每一种味道。我发觉每一种味道都很独特，而且都会勾起我的回忆，自成一个完整的世界。”

他发现自己可以从味道来辨认他的每个朋友，还有父母。“我走进诊所，像狗一样地抽动鼻子，在我还没有看到人之前，我已经嗅出来，有 20 个患者在那儿。每个人都有其味道上的面貌，一张味道的脸，这比任何视觉上的脸孔更鲜明、更容易让人想起，也有更深的意义。”他能闻出人们的情绪：恐惧、满足、性欲高涨，就像狗一样灵敏。他能通过嗅觉认出每条街道、每家商店。他能靠着嗅觉逛遍纽约，完全不会迷路。

他总有想要去闻、去碰触每样东西的冲动（要等到他摸了、闻了，东西才会有真实感），不过有别人在场时，他得强忍住这样的冲动，免得不礼貌。性的味道变得更加刺激而强烈，但他觉得，这样的味道还比不上食物的味道和其他某些味道。例如，“快乐”的味道就很强烈，“不高兴”的味道也是。但这些味道对他的意义，还不是单纯的快乐或不快乐，而更多是包围着他的全面感受、整体判断与完全崭新的意义。

“这是个全然具体的世界，一就是一、二就是二，”他说，“这也是个全然直接的世界，是什么就是什么。”以往他是很理性的一个人，喜欢沉思，思考抽象的问题；但现在他发现，当每一次都经历了那么强烈而快速的感受时，思考、抽象或者分类，变得有点儿困难，而且不真实。

毫无征兆的三个星期之后，这种强烈的改变停止了。他的嗅觉和所有感官的感觉又都回复原样。他带着几许失落感，但也松了一口气，回到了往日那个苍白、感受微弱、不具体又抽象的世界。“我很高兴回复原状，”他说，“但这也是个重大的损失。我现在也体验到了，身为文明人，我们放弃了哪些东西。那些所谓‘原始’的能力，也是我们需要的。”

闻不尽的各种味道

16 年过去了，做学生的日子、年少轻狂的日子也早就逝去无踪。他再也不曾发生过一点点类似的状况。斯蒂芬如今是个成就不凡的年轻内科医生，是我在纽约的一个朋友兼同事。他不曾后悔，有时候还会有点怀念：“那个嗅觉的世界，那个充满味道的世界，”他会叹道，“是那么生动、那么真实！就像到了另一个世界，一个完全感官的世界：丰富、充满活力、自给自足、没有缺憾。真希望可以偶尔回到那个世界，再当一条狗！”

弗洛伊德不止一次写到，人的嗅觉是“早夭”的感官，在成长与文明化的过程中，嗅觉因为人采取直立的姿势，而且刻意压抑原始、未进化的性能力而受到压制。嗅觉能力特别（且是病理性）的增强，的确在性倒错、恋物癖，以及一些其他病例中曾经出现过[2]。

但是这里描述的嗅觉过度敏锐，似乎是更广泛性的，虽然也引起兴奋（可能是安非他命的效用），却与性欲没有特别的关系，也跟性倒错没有关系。类似的嗅觉过度敏锐，有时是突发性的，可能在体内多巴胺升高的兴奋状态下出现，就像某些使用了左旋多巴的昏睡症预后病人，以及一些妥瑞氏症患者都可能会有这样的现象。

我们在此所见的，是抑制作用的无所不在，即使在最基础的感官层次下所见，亦是如此：黑德认为原始、充满感觉调子的能力，所谓的“原始感觉”，之所以需要被抑制，是为了让复杂、分类性、不带情绪的“精细感觉”能够发挥作用。

抑制这些能力的需要，不能完全化约成弗洛伊德的理论来解释，也不应当赋予英国诗人布莱克[3]（Blake）式的夸张解释或浪漫意义。或许就像黑德所指的，我们需要压抑这些感觉，才能成为人，而不是一条狗[4]。不过，斯蒂芬的经历，让我们想到切斯特顿[5]（G. K. Chesterton）的诗《魁斗之歌》（*The Song of Quoodle*），有时候我们需要做只狗，而不是当个人：

> 他们并非没有鼻子
> 夏娃的堕落之子
> 喔，因为水的味道如此快活，
> 石头的味道如此勇敢！

后记

我最近遇到了跟这个病例同出一辙的案例：一位很有天分的年轻人，因为头部受伤的后遗症，严重损害到他的嗅觉通道（嗅觉通道延伸横越颅前窝神经系统，非常脆弱），完全失去了嗅觉。

对这样的后遗症，他既震惊又沮丧：“嗅觉？”他说，“我从没把它当一回事。你通常不会去想到你的嗅觉。但是当我失去它，就像失明了一般。生命的风味消失殆尽。一般人不会了解嗅觉跟‘风味’的关系有多大。你闻到人、闻到书、闻到这个城市、闻到春天的气息，可能是不知不觉，但是嗅觉却在不自觉中丰富了每一件事情的背景。我的世界在转眼间变得极端的乏味。”

这里面有失去嗅觉最深刻的感受，深切的渴求嗅觉能够再现：盼望能再记起嗅觉世界是什么样子，这是个他过去不曾留意的世界，但如今感觉到那是生命最基础的部分。后来，几个月后，让他又惊又喜的是，他最爱的晨间咖啡本来已经变得索然无味，竟开始又有了香气。他以试探的心情，吃了一块好几个月都没吃的派，同样闻到了他最喜欢的那股浓郁的味道。

咖啡在记忆中飘香

他雀跃万分地回去找医生，那位神经科医生认为他不可能痊愈了。然而，在“双盲”的情境中对他进行了检查之后，他的医生却说：“我很抱歉，没有复原的迹象。你的嗅觉还是完全失去作用了。奇怪的是，你现在竟然会‘闻到’派和咖啡的味道。”

值得注意的是，他只有嗅觉通道受伤，并没有伤到大脑，发生这样的事情是脑部产生了加深的嗅觉想象，几乎可以说是一种受到控制的幻觉。以至于当他喝咖啡或咀嚼派时，自然而然地跟早先储存的嗅觉记忆联结在一起。他现在已经能够不自觉地激发或再激发这样的记忆，而且产生出来的感觉如此强烈，让他一开始会觉得那是“真的”。

这样的力量（半有意识、半无意识的）已经越来越强烈且不断扩大。举例来说，现在他抽动鼻子，就能“闻到”春天的味道。至少，他唤醒了嗅觉的记忆，或者嗅觉的意象，而且是很强烈的。他几乎可以让自己、也可以让别人以为他真的闻到味道了。

我们知道，像这样的补偿作用常发生在视障者与听障者身上。想想耳聋的贝多芬，以及失明的美国历史学家普雷斯科特（Prescott）[6]。不过，我却不知道失去嗅觉的人是否也存在这样的现象。

* 注释 * *

1. 类似的状况属于异常的情绪。有时候会有怀旧的感觉、记忆重现以及记忆错觉产生，同时伴有强烈的嗅觉幻象，这是典型的“钩型癫痫”发作，属于颞叶痉挛病的一种。大约一个世纪以前，杰克逊首先对这种症状进行描述。一般情况下，这种病只是对某些东西过敏，不过有时候会出现嗅觉整体强化的状况，并逐渐演变成为嗅觉过敏。海马旁回钩在进化史上属于远古时期“嗅脑”的一部分，在功能运作上与整个边缘系统有关。医学界对这一部分的了解逐渐加深，认为它是决定和操控整个情绪“基调”的关键。无论通过什么方式，只要它受到刺激，就能导致高亢的情绪和感官知觉的增强。戴维·比尔（David Bear）对这个问题及其分支做过详细的研究。

2. 布瑞尔（A. A. Brill）曾经详细地描述过这一点。他还把大型动物（如狗）、“野蛮人”和孩童的嗅觉世界中那种充满味道的强烈感觉做了对照。

3. 威廉 · 布莱克（1757~1827），英国浪漫主义诗人。——编者注

4. 见米勒（Jonathan Miller）在《聆听者》(*Listener*)(1970 年版）上发表的一篇名为《皮肤下的狗》(*The Dog Beneath the Skin*）的评论文章。

5. 切斯特顿（1874~1936），英国作家、新闻人。——编者注

6. 威廉 · 希克林 · 普雷斯科特（1796~1859），美国历史学家。——编者注

*　　*　　# 第十九章　谋杀者　　*

曾一度在记忆中消失的罪行，
现在以近乎幻觉的细节，
生动地呈现在他眼前。
失控的记忆直冲而上，将他淹没。
他不断“看见”谋杀的事，
一次又一次地看着它上演。
这是恶梦，抑是发狂。

在迷幻药的作用下，唐纳德杀害了他的情人。他不记得，似乎是记不得自己做过这件事，即使加以催眠或用上阿米妥纳[1]，也无法让他透露什么。因此，在审判中他所得到的判决不是记忆压抑，而是患有器质性的失忆症。使用迷幻药所造成的记忆丧失，这的确是常听到的。

法院鉴定精神状态的细节令人毛骨悚然，因此不能在公开的法庭上进行。他们采用禁止旁听的方式讨论案情，因此，一般民众与唐纳德本人都不得入内。他们用颞叶或精神运动性癫痫期间，偶尔会犯下的暴力行为做比较。这类患者记不得自己的所作所为，而其暴力行为或许也是无意的。犯下这种暴行的人，不会被认为有责任或有过失，但仍会因其自身与旁人的安全考虑而受到监禁。这就是不幸的唐纳德的遭遇。

无论他究竟是犯了罪或是精神错乱，他要为精神失常所犯下的罪行付出代价，在精神病医院待了4年。他用一种释怀的心情面对监禁。惩罚的感觉也许是他乐见的，而无疑隔离也让他得到些许安全感。“我不适合生活在社会中。”别人问他时，他会语带哀愁地这么说。

为了防止突如其来而又具危险性的失控，基于防卫，也是为了获得平静，他一头栽进一向感兴趣的园艺工作。这个兴趣深具建设性，又可远离人群关系与活动的危险地带，因而受到他所监禁的医院的鼓励。他接手荒芜、无人照料的庭院，整理出花园、菜园和各式园艺。

他似乎达到了一种收敛节制的精神安定状态，先前有如狂风暴雨的那种人际关系与人性情欲，已被一种陌生的平静所取代。有人把他视为精神分裂，有人认为他其实心智健全；倒是每个人都认同他已达到某种程度的稳定性。

记忆冲出禁锢的藩篱

到了第 5 年，唐纳德开始以假释的形式外出，被允许在医院外度周末。他曾是个自行车爱好者，这时他又买了辆自行车。然而，就是这玩意儿促成了他第二个怪异的经历。

他在一个陡坡尽情往下疾踏，一辆车子突然冒冒失失地从一个看不见的转弯处，迎面冲撞而来。他将把手一偏，想躲避正面的碰撞，却失了控，猛地被抛出，头先着地，撞上路面。

他的脑部受了重创，两侧的脑硬膜都出现了大块的血肿，立刻安排外科手术将其抽出、排除掉。他的一对额叶也严重挫伤，几乎有两周时间，他昏迷不醒、半身不遂地躺着；接着，出乎意料之外，他逐步康复；但“梦魇”却由此正式展开。

这个失而复得、重见曙光的知觉一点也不可爱，而且被惊悚骇人的震撼与混乱四面围攻。半清醒状态的唐纳德似乎不顾一切地挣扎，且不停地哀号：“噢，上帝！”和“不！”随着他的意识更加清楚，记忆、全部的记忆，此刻已成恐怖的往事随之出现。

他有几处神经上的问题，如左侧软弱麻木、癫痫、额叶功能缺陷，尤其是最后一个问题，导致了全新的状况出现。他犯下的谋杀，曾一度在记忆中消失的罪行，现在以近乎幻觉的细节，生动地呈现在他眼前。失控的记忆直冲而上，将他淹没。他不断“看见”谋杀的事，一次又一次地目睹它上演。这是恶梦，抑是发狂，还是此刻“记忆增强”了！那道真诚、不作假、高高筑起的记忆藩篱被冲破了？

他被仔细地盘问，在询问的过程中，提问者极尽所能地避开任何的暗示或联想，但很快就弄明白了，他此刻的描述，尽管如脱缰野马般，仍是一出真实的记忆重现。他清楚谋杀过程中的任何一个细节，那些细节只在精神鉴定过程中曾被提到，从未在公开法庭或对他本人透露过。

这一切曾在或似乎曾在早先失落或被遗忘了，甚至催眠或注射阿米妥纳都唤不回，此刻再次回复，且随时可以呼唤出来。不只如此，回复的记忆已不受控制；更糟的是，这一切让他无法忍受。他两度在神经外科试图自杀，最后不得不施以强力的药物让他安静下来，并将他施以强制监禁。

究竟是哪里出了错?

唐纳德究竟遭遇了什么事，此刻发生在他身上的，又是怎么回事？发生在他身上的，不是突发的精神异常幻想，因为他重现的记忆历历在目，都是真实发生过的。即便是完全的精神异常幻想，为什么是在这个节骨眼上，随着脑伤一下子就出现了，完全没有任何前兆？

他的重现记忆中，多了一种精神病的或近乎精神病的状态，按照精神病学的说法，那是一种极端或者伴随过度感情的情况，这种情况严重得令唐纳德不停地想自杀。但到底什么才是这种记忆正常该有的情感？是这种从完全失忆中突现，非某种暧昧的恋母情结的挣扎或犯罪意识，而仅仅是一件真实谋杀的过程吗？

有没有可能是因额叶的完整性丧失了，以致其失去了基本的压抑机制？我们当下所见的，是否正是一种突乎其来、具爆发性又特别的“去压抑作用”？在此之前，不曾听闻有过类似的状况，倒是大家都相当熟悉一般额叶综合征所产生的抑制解除，其症状是冲动、动作滑稽、聒噪、淫荡好色、放纵不羁、冷漠不在乎、出现俗不可耐的本我。

但上述这些个性无一与他吻合。至少他不冲动，具备选择力，没有不适宜的举止。他的个性、判断力和一般的人格依旧如常。此刻是那独一无二、有关谋杀的记忆和感受，无从控制地迸出，折磨着他。

是否有某种致人兴奋的物质或癫痫性因素牵涉其中呢？关于这个问题，脑波图的研究就相当有趣了，因为很明显当使用特殊（鼻咽）电极试验时，除了偶发的癫痫大发作之外，他的两叶侧颞还会有不停息、强烈的癫痫在作祟，而痉挛点往下延伸（这仅是臆测，还需要植入式电极才可证实）到海马回钩、扁桃体和大脑边缘系统上。而颞叶上所分布的，正是神秘的感情神经回路。

彭菲尔德和佩罗在 1963 年的《脑》（*Brain*）杂志上发布报告，某些颞叶癫痫的患者会有周期性反复的“记忆重现”或“经验幻觉”，但大部分彭菲尔德所描述的经验或回忆是属于消极的：听见音乐，看见景象，或许会身临其境，但自己都是当个观众，而非主角[2]。

我们没人听说过此类病人会再一次经历，或者确切地说，再次亲身体验某一种行为。但摆在眼前的是，它的确发生在唐纳德身上。水落石出的日子恐怕仍遥遥无期。

工作与爱是最好的治疗

故事至此已接近尾声。年轻、幸运、时间、自然痊愈的能力、受伤前的良好体质，再加上对额叶“替补”的卢瑞亚氏治疗法，让唐纳德在这些年来获得长足的复原效果。额叶已几乎回复正常。在使用了近几年才问市的抗痉挛药后，已有效地控制住他作怪的颞叶。而自然复原的作用，可能也分担了部分的角色。

最后，再接受善解人意的正规精神疗法，唐纳德自责的超我、惩罚性的激情已缓和，那个尺度和缓的自我现在成为常态了。但最后也是最重要的事情是，他又回归园艺了。“园艺的感觉平和，”他对我说，“没有冲突，植物不会有主观意识，它们无法伤害你的感情。”最终的治疗就是弗洛伊德所说的，工作与爱。

唐纳德对谋杀的事并未忘记，或是再压抑。如果说当初压抑作用千真万确曾发生过的话，如今他已不再受谋杀事件的纠缠：一种生理学与道德上的平衡已然生根。

但起初失去、后来又回复的记忆，究竟是怎样的状态？为何会在失去记忆后，又突然爆发式的恢复呢？为何记忆之火完全熄灭之后，又能浓烈眩目地重新燃起？这出诡异、半神经病学的剧目，真正的剧情究竟是什么？所有的疑问，至今仍旧神秘无解。

* 注释 * *

1. 药物名。一种镇静催眠药。——编者注

2. 然而，这也不是一成不变的。彭菲尔德曾经记录过一个骇人听闻的可怕案例。一名20岁的女孩，每次发作时都会疯狂地奔跑，说一个凶恶的男人正追逐着她，那人手中拿着一袋蠕动的蛇。这个“根据经验产生的幻觉”是五年前一次可怕事件的真实再现。

* * 第二十章　希尔德嘉德的异象 *

我所看见的光并不固定，
但比白日更明亮；我称它为“活光之云”。
有时候，我在此光中还看到一束光，
我称之为“活光之光”。
当我仰望它的时候，
所有的忧愁、痛苦都消失，不复记忆，
我又再度成为一个单纯的女孩，
而不是一名老妇人。

每个时代的宗教文献，都充满了对于“异象”的描绘。在其中，那种崇高难以言喻的情感，伴随了灿烂荣耀的经验。我们无法确定，在这么多的例子中，这样的经验到底是歇斯底里的状态，或者心灵狂喜、极度兴奋之下的结果，还是类偏头痛的发作所引起的。

唯一的特例，是在德国宾根（Bingen）的希尔德嘉德这个病例。她是一名修女，具有神秘的过人聪慧与文学涵养。她从幼年时期开始，一直到她辞世，经历了无数的“异象”，并且留下了大量的文字叙述与图画，描述她所见到的一切。这些都收录在两大卷手稿里，流传至今。它们被称为《认识上帝之道》（*Scivias*）和《预言书》（*Liber Divinorum Operum*）。

仔细审视这些文字和图画，让人对它们的本质毫无疑问：它们无疑都是由偏头痛造成的，并且呈现了许多早先提到的头痛视觉前驱症状。辛格（Singer）于 1958 年在一系列探讨希尔德嘉德异象的文章中，选择了下列最具代表性的几幅图画：

> 在所有图画中，最显著的一项特征，是一个光点或一组光点，这些光点通常以波浪状闪烁移动，而最常见的诠释是星星或闪烁的眼睛（见图 B）。不少例子当中，有一道光，比其他的都大，发散出一连串同心圆的波浪形状（见图 A）；城墙状界限明确的图案也常出现，在某些例子当中，它们从一个有颜色的区域

向四周伸展开来（见图 C、图 D）。通常光芒在许多看见异象的人的描述中，带着忙碌、沸腾、发酵的印象。

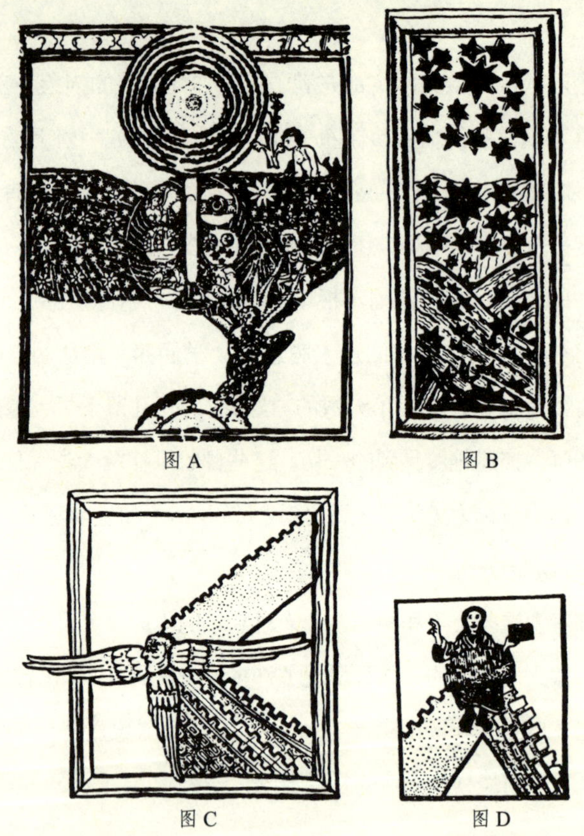

图 A　图 B

图 C　图 D

充满想象的诠释

希尔德嘉德自己写道：

我看见异象的时侯，既不是在沉睡中，也不是在做梦，更没有发疯，我并非以俗世的眼睛看见、肉体的耳朵听见、也不是在隐藏之处见到异象，我的神智清楚，以心灵的眼睛看、以内在的耳朵听，在大庭广众之下，领受上帝的旨意。

其中一幅异象，描绘了星星坠落、熄灭在大洋中（见图B），代表了“天使的堕落”：

> 我看见一颗最璀璨、最美丽的巨星，其后有无数坠落的星星，跟随巨星往南沉没，突然之间，它们都熄灭了，变成了黑色的煤炭，被抛弃于无尽的深渊中，再也见不到踪影。

这就是希尔德嘉德寓言式的诠释。如果我们以其字面所做的解释判断，则是她经历了一阵光幻视掠过其视觉区域，随后在同样的路径上，出现了负性暗点。她所见的城墙图案在图C与图D，都是从一个灿烂的光体，以及（根据原图）闪耀、色彩缤纷的点伸展出来。这两幅异象，合并到那一幅集大成的异象（见下图）里，对这个图像，她

的解释是“上帝之城”。

极度的狂喜，会使这样的体验添上一层奇幻的色彩，尤其是在极少的情况下，当原先的闪光之后，出现第二次的负性暗点时，更凭添这样的色彩：

> 我所看见的光并不固定，但比白日更明亮；我也无法察看这光究竟有多高、多长、多宽，我称它为“活光之云”。就像日光、月明与星光反映在水上，人所写、所说、所行、所做的，也都从其中闪耀于我眼前。
>
> 有时候，我在此光中还看到一束光，我称之为“活光之光”。当我仰望它的时候，所有的忧愁、痛苦都消失，不复记忆，我又再度成为一个单纯的女孩，而不是一名老妇人。

令人沉醉的一刻

心中狂喜，充满了宗教的火热与形而上的意义，希尔德嘉德的异象犹如一盏明灯，指引她朝向神圣而神秘的生命。它们提供了一个独特的例子，让我们看到某种对大多数人而言是平凡、讨厌或无意义的生理状况，也能成为令人兴奋不已的心灵启示。说到这个，就不能不将陀思妥耶夫斯基拿来相提并论。他的癫痫症时常发作，但他却甘之如饴，视之为意义非凡的时刻：

> 那些时刻，只是五六秒的光景，你却能从中感受到永恒的和谐。可怕的事情是，在这短短的时间内，它所显示的那种惊人的

清晰度，以及充满全身的那种销魂的感觉。如果这种状况持续超过五秒钟，灵魂将无法承受，而必须消失。在这五秒钟之内，我活过了整个人类的存在，而为了拥有这样的时刻，我愿意奉上整条命，也不会觉得代价太高。

*

*

第四部　心智简单者的世界

*

一个人可能智商很“低”，
例如，没办法把钥匙插入门孔，
更不会了解牛顿的运动定律。
那个称之为“概念”的世界，更完全非他所能理解，
但他却完全能够以具象、以象征去理解这个世界。
这就是人的另外一面，完全极端的另一面——天生的单纯。

*

*

导 言

上帝的儿女

几年前，我开始从事智障者的医疗工作时，我想日子一定不好过，便写信将这样的想法告诉卢瑞亚。出乎意料地，他的回信通篇都是正面的话；他告诉我，没有别的病人比智障者更让他觉得“亲近”，而他认为，他在智障中心所度过的那些时日，是整个行医生涯中最动人、也最有趣的一段时间。在他第一本临床传记《儿童语言与心智运作之发展》(*Speech and the Development of Mental Processes in the Child*)的序言中，也表达了类似的情感：“如果一位作者有权利表达对自己工作的感觉，我必须说，在这本小书中所记载的那些对象，永远让我心怀暖意。”

卢瑞亚所言的“心怀暖意”是什么意思呢？很清楚，是表达某种充满情感的个人感觉。如果那些有缺陷的人无法“响应”(无论他们智能上的缺陷是什么)，如果他们本身不具有真实的感觉、情感和个人的潜能，卢瑞亚不可能有这样的感受。不过事实不只如此。卢瑞亚所表达的，还包含了对科学的兴趣，即某些他认为在科学上值得一探究竟的事。那会是什么？应该是在没什么趣味的“缺陷”或“缺陷学”之外的一些东西吧。那么在这些心智简单者的世界中，又有什么让人感兴趣的地方呢？

这与人的心智水平，甚至增强的特质有关。因为有这样的特质，所以即使智障者在某方面有“心智上的缺陷”，他们在其他方面的心智表现可能仍然很有趣，甚至还是相当完整。智力之外的心智能力——这是我们特别可以从这些智力简单的人身上探究得知的 [就像我们也可以从小孩子与“野蛮人”身上看到的一样。虽然，就像格尔茨（Clifford Geertz）[1] 一直强调的，不能把他们等同视之：未开化的人，既不是智力不足，也不是小孩子；小孩子并未身处野蛮文化；而智能不足者，既不是小孩子，也不是未开化之民。] 不过他们是有些重要的相关之处：从儿童心理学家皮亚杰（Pizget）[2] 所揭开的儿童心智世界，到列维 · 斯特劳斯（Levi Strauss）[3] 所谈的“野蛮的心智”，都以不同的形式等着我们，去挖掘智能不足者的心智与世界[4]。

眼前所要研究的，既使人愉快，也有益于我们的知识发展，而且充满了卢瑞亚“浪漫科学”的心情。

以具象理解这个世界

智力简单的人，他们的心智特质是什么？为何他们如此无知、坦荡、完整而有尊严呢？这样独特的特质，使我们必须论及智力简单者的“世界”（就像我们谈论小孩子或未开化之民的“世界”一样）。

如果一定要用一个词来形容，那应该是“具象”。他们的世界是鲜明、强烈、细腻的，但同时又很简单，一就是一，二就是二，因为那是个具体的世界：既不复杂、模棱两可，也不接受抽象概念的整合。

由于对自然秩序某种错位或颠覆的想法，神经学家通常认为具象不是件好事：不足为道，没有一致性，是一种退步。所以对戈尔德施泰因而言，心智、人的荣耀，全在于人能抽象思考，以及人有分类的能力。他认为，脑部受损的影响，不管是什么样的状况，就是让人不再具有这高层次的能力，降级在次人一等，只能陷入具象思考的泥淖中。以戈尔德施泰因的话来说，如果一个人失去“抽象分类的态度”，或者用杰克逊的形容，无法做“前提性的思考”，他只是个近似人类的人，不重要、也不值得一提。

我认为这样的看法是错位的，因为具象的能力也是不可或缺的，有这样的能力，才能使事实“成真”，成为活的、有个性的、有意义的事情。没有了具象的能力，这些都不存在。这种情况就如同前面所见，那位好像火星人的皮博士一样，“错把妻子当帽子”，就是从具体跌入抽象的谷底中（刚好跟戈尔德施泰因所说的相反）。

更容易了解，也更自然的想法，是受伤的脑部依然保有具象的能力，这并不代表退化，而代表一种自保，好让那位受伤者仍然保有人格、自我与人性，使他仍然能够成为一个人，活在世上。

这就是我们在泽特斯基这个“破碎的人”身上所见到的。他仍然是个人，实实在在的一个人；尽管无法抽象思考，不会进行假设，但还是具有身为人类该有的一切分量与丰富的想象力。在此，卢瑞亚虽然支持杰克逊与戈尔德施泰因的论点，却也同时将它们的重要性做了180度的大翻转。在其笔下的泽特斯基，一点也不是杰克逊或戈尔德施泰因所言的废物，而是一个活得完全像人的人，一个有感情、有想象，在这方面甚至比常人更胜一筹的人。他的世界不同于书名，绝非分崩离析——虽无法整合抽象的事物，却是个异常丰富、深刻而具体的现实世界。

我相信这一切也同样适用于心智简单之人，而且可能还有过之，因为他们从一开始就是这么单纯，从来不知道抽象为何物，抽象对他们也毫无吸引力，他们所经历的永远都是直接、没有添醋加油的事实，既实在又强烈无比。

展开浪漫的科学旅程

我们发现自己进入了一个既迷人又恼人的领域，所有的事物都环绕在“具象”的双重意义上。特别对于医生、医疗人员、老师或科学家而言，我们被邀请（可以说是被迫）踏上对于具象的探索之旅。这就是卢瑞亚所言的“浪漫的科学”。卢瑞亚伟大的行医自传或“小说”，实际上正是对于具象的探索：像是脑部受伤的泽特斯基所保有的，特别在面对现实时的具象能力；还有在“记忆大师”的“超级脑袋”中，被过度夸张以至于失去现实的具象能力。

在探讨具象能力时，古典的科学完全派不上用场，因为神经学与精神学根本就将之视为不值一提的能力。这就需要“浪漫的”科学赋予它该有的地位，才能去欣赏它的力量和危险。在简单之人的世界中，我们能够直接面对具象，那些单纯而简单的具象，毫不保留地迎面而来。

具象可以打开门，也可以把门关上。它可以成为通往感觉、想象和深度的一扇大门；要不，它也可以使拥有这个能力（或被控制）的人，陷入没有意义的鸡毛蒜皮当中。当具象的能力在智力简单之人身上扩大时，我们可以看到这两个潜在的可能性。

具体的想象与记忆力增强，原本是大自然为那些在概念与抽象能力上有缺陷的人提供的弥补，却也可能朝着完全相反的方向发展：变得紧紧抓住琐碎的事情不放，发展出一种视觉记忆存留不去的想象与记忆力，以及表演者或“机灵小子”的心智状态（就像“记忆大师”身上所发生的，还有古时候过度培养的具象“记忆术”）。我们在马丁（见第二十二章）、荷西（见第二十四章）及双胞胎（见第二十三章）身上看到了这种倾向。尤其是双胞胎，因为表演的需要，再加上他们自己也身陷其中，好出风头，这样的能力就被过度强调了。

然而，更令人感兴趣、更人性、更“真实”的动人之处，是这些简单之人对具象能力的正确使用与发展。在这方面，科学界的研究却常常视而不见（虽然善解人意的老师和父母很快就注意到了）。

简单却见深邃

具象的能力同样也能成为一种媒介，传达神秘、美丽与深度；可以是一条通往感情、想象与灵性的道路，其圆满的程度，不弱于抽象的概念。[或许还要更丰富，格肖姆（Gershom Sholem）在1965年对“概念性”与“象征性”所做的比较，或者布鲁纳（Jerome Bruner）在1984年对照“典范性”与“叙事性”之间的差异时，都提出这样的观点。] 具象本身已然充满了感情与意义，或许比任何抽象的概念还更直接。它直通着美学的、戏剧的、喜剧的、象征的，也就是艺术与灵性世界的长阔高深。

从概念上来看，心智不足可能是缺陷，但从他们对于具象与象征意义的理解力来看，他们可能跟任何一个“正常”人同样正常（这是科学，也是传奇故事）。对这一点，没有人比克尔凯郭尔在临终之前所写下的更美：“平凡的人哪！（我稍微节取了他的话）《圣经》的比喻是无限的高深，但它的高深无关智慧高低，也不在于谁比谁更具智慧，不，它是为所有的人预备的。所有人都能达到那无限的高深境界。”

一个人可能智商很“低”，例如，没办法把钥匙插入门孔，更不会了解牛顿的运动定律。那个称之为“概念”的世界，更完全非他所能理解，但他却完全能够（应该说是充满了天赋）以具象、以象征去理解这个世界。这就是人的另外一面，完全极端的另一面。天生的单纯，就像在马丁、荷西与双胞胎身上所见的一般。

或许有人会说，他们只是特例、非常态的。所以我在这本书最后的一部分，由丽贝卡开始，她是一个完全“平庸无奇”的年轻女性，一个心智单纯的人；12 年前我探视过她，至今想起，仍然心怀暖意。

*　　注释　　*　　*

1. 克利福特·格尔茨，生于1926年，美国文化人类学者。——编者注

2. 让·皮亚杰（1896~1980），瑞士心理学家。发生认识论创始人。——编者注

3. 列维 · 斯特劳斯（1908~2009），法国人类学家。——编者注

4. 卢瑞亚所有早期的工作都与这三个领域有关联，他在中亚的原始部落观察当地的儿童，在缺陷学中心作研究，而这些观察和研究为他对人类想象力的毕生探索打下了基础。

* *

第二十一章　表演中再现生命 *

我们让她进入一个特别的剧场团体，
她很喜欢这个安排，而且表现优异：
她变成了一个完整的人，
在所扮演的每个角色中，
有模有样，流畅优雅。
现在如果有人看到台上的丽贝卡，
绝不会想到，她过去是个心智有障碍的人。

丽贝卡被转到我们诊所来的时候，已经不是小孩子了。她那时19岁，但就像她祖母说的，“在某方面还像个小孩子”。她稍微走远一点就会迷路，总是不大会用钥匙开门（她永远搞不清楚钥匙该怎么用，也老是学不会）。左右不分，有时衣服的里面穿到外面，或是后面穿到前面，却不知道自己穿反了；即使知道，也不晓得该怎么改正过来。她可能会为了将手或脚塞进根本不对头的手套或鞋子，而搞上好几个钟头。

她似乎，就像祖母说的，“毫无空间感”。她的样子笨拙，手脚动作都不协调。一个“呆头呆脑的人”，一份报告上这么写着，另一份报告则写着“运动低能”（虽然当她跳舞的时候，所有的笨拙样子都消失了）。

丽贝卡还患有部分先天性颚裂，讲话会漏风；外加五短肥胖的手指，光秃变形的指甲；以及高度退化性的近视，需要配上一副镜片很厚的眼镜，这些都是同一个先天体质所造成的特征，该体质又造成她脑部、心智上的障碍。她非常害羞而退缩，觉得自己是一个“笑柄”，而且一直都是。

但她却拥有温暖、深刻，甚至可以说是强烈的爱的能力。她深爱她的祖母，祖母从她3岁起就抚养她直至成人（当时她因双亲过世而成为孤儿）。她热爱大自然，有机会到公园或植物园时，会在那儿很快乐地待上好几个小时。她也很爱听故事，虽然学不会识字（她曾经很努力，甚至是狂热地想学，但徒劳无功），还是会央求祖母或其他人念给她听。“她对听故事的胃口大得很。”祖母说。幸好祖母也爱读故事书，而且唱念俱佳，让丽贝卡着迷得不得了。不只是故事，诗也一样吸引她。

这似乎是丽贝卡心中很深切的需要，就是一种滋养心灵必要的形式。自然虽美，但是无声；那是不够的。她需要这个世界通过口语的描述、通过语言，重新呈现在她面前。她可以毫不费力地理解一些艰涩诗作中的意象和象征，造诣之高，与其无法理解一个简单的假设或指令，形成了鲜明的对比。

表达感情、具象或象征的语言，构成了她所爱的世界，可以令她享受其中。虽然她对概念性的观念（包括前提性的）毫不理解，碰到诗的语言却十分自得，其实她自己也是个“原始的”、浑然天成的诗人，诗作充满了力道而且感人。隐喻、语言的意象、非常相似的事物，自然而然就出现在她心中，只不过出现的时间不一定，可能会突然间诗兴大发、意象横生。

充满灵性之美

她的祖母是个虔诚而安静的人，丽贝卡也是如此：她喜爱安息日的烛光，喜爱犹太圣日的祝福与祈祷，也喜欢上教堂去，在那儿大家都爱她（将她视为上帝的孩子，一个天真而圣洁的愚人）；她能完全领会教会崇拜的仪式、圣诗、祝祷的意义。

这些对她而言，都是可能并能够心领神会的，也深受她的喜爱，可以超越知觉与时空上的障碍，以及每样系统性能力的严重缺憾。她无法数算零钱，连最简单的算术都会难倒她；她也永远学不会读书写字，IQ 测验的分数都在 60 分左右，或更低（虽然语言部分的成绩，比计算推理的部分要高出许多）。

所以，虽然从她出生到现在，一直是大家眼中、口中的低能儿、傻子或笨蛋，却拥有出人意料、感人至深、诗人般的能力。从表面上来看，她是个重度智障、低能的人，在这方面多受挫折与折磨；她是这个层次上心智“不良于行”的人，她自己也这么认为，因为对别人来说毫不费力、轻松愉快的技巧，她却做不到。

然而，在一些更深的层面，你感受不到她的残障或低能，取而代之的是她的自如与自在，圆圆满满地活着，就像一个有灵魂的人一样，有那高深的一面，与其他所有人并没什么不同。在智能上，丽贝卡感受到自己的不足，但是在精神上，她觉得自己是个完整、完全的人。

第一次见到她的时候，她的样子笨笨的、怪怪的，手脚动作不灵光。在我眼中，她只是一个上帝不小心、没创造好的生命，从她身上可以找到神经功能损伤的地方，并予以精确的分析：她患有多重的精神性运动不能与失认症；她的感觉运动受损且失去作用；智能发展也有限，根据皮亚杰的标准，她对事物的概念差不多等于一个 8 岁的孩子。

可怜的孩子，我告诉自己：只有语言算得上是她在诸多平庸表现中较为突出的能力，这或许是上帝赋予她的奇异恩典吧！而那也只不过是大脑功能的拼凑之物罢了。至于皮亚杰分类下所指的心智功能，她几乎是完全缺乏的。

再一次看到她，情况却全然改观。我没有对她做测验，没有在诊所里“评估”她。当时正值美好的春天，我信步在外，在开诊之前偷得几分钟闲暇。就在那儿，我看到丽贝卡坐在长椅上，静静地看着4月的花草，神情十分愉快。上一次她让我印象深刻的那副笨拙样，这时全然看不到。

她坐在那儿，穿着一件浅色的连衣裙，神色安祥，微微绽放笑容，那模样让我想起契诃夫（Chekov）小说中的少女：艾琳、安雅、桑亚、妮娜，背景就是契诃夫式的樱桃园。她就像任何一位享受风和日丽的少女。这是我来自人性角度的观察，而不是源自神经学的观点。

万物静观皆自得

当我走近的时候，她听到我的脚步声，转过身来，给了我一个灿烂的微笑，以及无言的手势。“看这世界，”她好像在说，“如此美丽。”突然，从她口中迸出一连串杰克逊式、诗样的字眼：春天、诞生、生长、骚动、复活、季节、万物有时。我发现自己竟联想起《传道书》（Ecclesiastes）上的句子：“凡事都有定期，天下万物都有定时。生有时、死有时，栽种有时，拔出有时。”这是丽贝卡在不经意之中，所发散出来的启示：让人看到了季节、看到了光阴，就像传道者所做的一样。

“她是个白痴传道者。”我自言自语。通过这句话，我对她产生两种不同的看法：白痴和寓意者，彼此交汇、互相冲击，最后合而为一。她在这一回的测验中，成绩令人激动。这个测验，在某方面来说，也是经过设计的，就像所有神经学与心理学的测验一样，不只是去发觉、去找出不足的地方，也是重新将她分解成有用与不足两部分。在正规的测验中，她被搞得四分五裂，但这一刻，她又神秘地“复合”，重回完整。

为什么她从前那么精神涣散，而现在又为何能有模有样？我有一种强烈的感觉，仿佛有两套思想、两个组织、两个人的存在。第一套的体系，即辨别样式、解决问题，这是过去的测验，而她在这方面有那么多缺陷，那么多不足。但是这样的测验却只完全关注她所缺乏的，并没有一点触及她缺陷之外所拥有的。

那样的测验，没有任何的迹象可以显示她所具有的正面的能力，以及她理解真实世界的能力。这个真实世界是一个自然、或许还包括想象的世界，是一个融会贯通、心领神会、诗一般完整的世界。她有能力看到这些、想到这些、且活出这样的世界；过去的测验让我看不到她的内心，而那显然是个完整而协调的世界，在其中并没有成串的问题，也没有完成不了的事。

不过，使她重回完整的原则是什么（显然是一些条理纲目之外的东西）？我想到她喜欢听故事，讲话也很有条理，不会前言不搭后语。我心想，在眼前的这个人，这个既迷人，却又是个低智商、认知失能的少女，能够通过语言表达（或戏剧）的方式，组合成一个和谐的世界，取代她身上系统性的理解方式的不足和不能？当我这么想的时候，我就想起了她跳舞时的样子，舞蹈使她变得动作协调，不再有手脚不听使唤、不灵光的情形。

璞玉浑金

看到了她坐在长椅上的一幕，我想，我们的测验和方向，以及评估的方式存在严重不足。它们只能显出我们的缺陷，却显不出我们的能力；当我们需要去了解人在音乐、语言与戏剧方面的能力，观察一个人在自然状态下显现自然能力时，它们却搬出方块拼图和一些系统条列式的问题。

我觉得丽贝卡作为一个“叙事性”的人时，她是完整而有能力的，在容许她以叙述的方式来组织自己的状况下，她并无缺陷；知道这一点是非常重要的，因为这会让人跳出系统性模式的陈旧眼光，以完全不同的方式来看待她和她的潜能。

可以说，我很幸运恰好看到了丽贝卡在一个完全不同模式下的样子。一方面她的损害那么严重、没有复原的希望，而在另一方面，却是充满了希望与无限的可能，而她恰好又是我诊所里的第一个患者。我在她身上看到的，以及她在我眼前所展露的，我现在也可以在其他所有病人身上看到。

后来越见她，越觉得她有深度。可能也是因为她越来越透露出她深层的内在，或者我也能去重视它。这些内心世界并不尽然是快乐的，事实上也没有深层的事物会是如此。不过一整年当中，快乐仍占了多数时候。

从深层哀伤中复原

但接着，在 11 月，她的祖母过世了，她曾在 4 月里所表现的光明和喜悦，此刻变成了很深的忧伤与黑暗。她深陷痛苦之中，但仍表现了尊严。尊严，也就是伦理上的深度，在这时候使她变成了一个严肃的人，与我过去所见的那个轻快、诗般的自我大相径庭。

一听到这个消息，我立刻登门探视，而她以相当自控的态度接受我的慰问，却带着忧伤，把自己冰封在她的小房间里。在那个现在变得空空荡荡的房子里，她的话再度迸发出来："她为什么一定要走？"她在哭泣；接着说，"我为我自己而哭，不是为她。"接着，停顿了一段时间，她说，"奶奶没有事。她已经回到她永远的家。"永远的家！这是她自己发明的意象，还是对于《传道书》下意识的一段记忆？"我觉得好冷。"她一面哭，一面抱着自己。"不是外面冷，而是冬天在心里。像死亡一样的冷，"她接着说，"她是我的一部分。我的一部分已经跟着她死了。"

她彻彻底底地沉浸在哀伤之中，你完全不会认为她在那个时候是"心智不足"的。过了一个半小时，她回过神来，稍稍重拾了一丝暖意与力量，她说："现在是冬天。我觉得死了。不过我知道春天还会再来。"

她的忧伤化解得十分缓慢，但确实是在化解之中，就像丽贝卡自己所预料的那样。一位很有爱心的姑婆，住进了她的家中，成了可以依靠的支柱。教会与团体也帮了大忙，特别是通过某种仪式，还有她因失去亲属而得到主丧人的特别地位。而她能自由地对我谈论她的哀伤，这点可能对她也有些帮助。有趣的是，做梦也成为一种帮助，她的梦带给她力量，而且从梦境中，也可以看到治疗恢复的各个阶段。

回忆起 4 月春阳下的她，让我想到小说中的妮娜；而我记忆中的她，在阴沉的 11 月，站在皇后区一处荒凉的墓园中，以意第绪语

（Kaddish）为祖母上坟祭拜的模样，至今仍然沉痛而清晰。祷告词和《圣经》的故事总是深深打动她，也伴着她度过快乐、充满诗意和“幸福”的日子。而在丧礼的祷告中，吟颂着第 103 篇圣歌，尤其是以意第绪语来读，让她找到了唯一能够安慰她，并与她同悲、同恸的话语。

和自己的天赋在一起

在这当中的几个月（从我 4 月第一次看到她，到 11 月她的祖母过世），丽贝卡就像其他所有的“顾客”(当时流行的一个讨厌的用语，他们以为这个名词比“病人”要高级)，在各式各样的研讨计划课程中转来转去，这些都是我们“发展与认知增进”(在当时，这也是流行用语）计划的一部分。

这对丽贝卡一点帮助也没有，其实对大部分人来说都没什么用。我开始思索，这样的方式是错的，因为我们所做的，只是让他们亲眼见到自己能力的不足。在他们这一生中，这类的事已经够多了，而且常常到了残忍的地步。

我们花了太多精力在患者的缺陷上，丽贝卡是第一个让我知道这一点的人，而我们太少、太少去注意他们还拥有、保持着哪些能力。换言之，我们太过关心“缺陷学”，太少用心于“叙事学”，而这正是探讨具象所需要的，却成为一门不被重视的学科。

凭着具象的描述，丽贝卡自己能够清楚地表达出两种完全不同、完全分野的思考与心智形态，一个是“典范型”、一个是“叙事型”

（借用布鲁纳的说法）。虽然这两者都是人心智发展中自然而本能的能力，叙事型的能力却较先出现，有着灵性上的优先性。小孩子很喜爱故事，也离不开故事，他们能从故事中了解复杂的事情；而在那时候，他们理解一般性概念与典型的能力，几乎还不存在。在抽象思考无法提供任何东西的时候，只有通过叙事性的或象征性的能力，他们才能理解这个世界，以象征或故事的想象形式，认识到一个具体的事实。小孩子在懂得“欧几里德”（Euclid）之前，就懂得《圣经》了，并不是因为《圣经》比较简单（可能恰好相反），而是因为它是以象征和叙述的形式来表达。

在这方面来说，19 岁的丽贝卡，仍然如同她的祖母所言，“就像个孩子”。像个孩子，但不是孩子，因为她已经成年了。“智障”一词就包含了长不大的意思，而“心智不全”，则指一个有缺陷的成年人；两种说法和概念都有深切的道理，也有谬误之处。

就丽贝卡而言，如果也能有个人的发展，且受到鼓励的话，她的感情、叙事与象征的能力，完全可以发展得很强，而且很丰富，说不定还因此成为某种浑然天成的诗人。或者就像第二十四章的荷西一样，成为天生的艺术家。对其他智能不足的人来说，也是一样。而他们对典型与概念性的理解力，从一开始就弱，进展得也很慢又很痛苦，而且所能发展的空间十分有限。

戏剧激发出生命力

丽贝卡对此了然于胸，从我第一天看到她，她就已经把这一点清楚地告诉了我。那时候她告诉我，她的笨拙样子，还有手脚不灵光的情况，有了音乐就会全然改观，变得协调、流畅；她也让我看到她在自然的景况下，一个有生气、有美学及戏剧气氛和感觉的环境中，如何沉静她的身心。

在她祖母死后，她突然变得头脑清楚而有自己的决定："我不要再上课，不要再参加研讨，"她说，"那些对我产生不了作用。它们没办法使我整个人协调一致。"接着，她看着脚下办公室的地毯，以那令我赞赏的隐喻能力告诉我："我就像一块活着的织毯。我需要有样子、有设计，就像这块地毯一样。如果没有设计，我就会四分五裂，会散开来。"

当丽贝卡这么说的时候，我也看着脚下的地毯，并且想到谢林顿著名的意象，他将脑子、心智比拟为一台"魔法织布机"，样式不断地翻新，也不断地消逝，但总是有意义的。我想到：有人会只有一张没有加工、没有设计的织毯吗？人会不会只有设计，却少了毯子？（就有点像《爱丽丝梦游仙境》，只看到猫的微笑，却看不到猫[1]）一块"活的"毯子，正如丽贝卡所言，必须两者兼顾，尤其是像她这样缺乏系统性的结构（就像织布需要的经、纬线和梭子），若再没有了设计（毯子上描绘的景物或表现的样式），那她真的会散裂开来。

"我一定要有意义，"她接下去说，"这些课程、这些奇怪的工作没有意义。我真正喜欢的，"她带着渴望的语气加上一句，"是剧场。"

我们将丽贝卡从她讨厌的研究班带走，设法让她注册进入一个特别的剧场团体。她很喜欢这个安排，那让她整个人又组合起来了；而且她表现优异，变成了一个完整的人，在所扮演的每个角色中，有模有样，流畅优雅。现在如果有人看到台上的丽贝卡（剧场和这个表演团体很快就成为她的生命），绝不会想到，她过去是个心智有障碍的人。

后记

音乐、故事和戏剧的力量，在理论和实践的层面都具有最重要的分量。连在智商低于20，几乎没有行动力，认不得人、事、物的智障者身上，都可以看到其产生效果。有音乐、舞蹈的片刻，他们笨拙的动作可能就不见了，有了音乐，他们突然知道该怎么动作了。我们看到连只要四五个动作即可完成的最简单的事情都做不来的智障者，如果配合音乐，却可以做得完美无缺。他们掌握不了一步接一步的条理，但是通过音乐搭配动作之后，却能表现得很好。

额叶严重受伤，以及精神性运动不能症的病人，虽然智力各方面都完好无缺，却没有能力“做”事，无法做最简单的连续动作，甚至无法走路，他们也可以通过音乐，得到戏剧性的疗效。这类连续性动作缺陷或行动白痴的毛病，普通的康复系统都毫无作用，却能够在音乐的指导下，让问题消失于无形。这一切，无须解释，就说明了我们需要音乐治疗的原由，或原由之一。

我们所见的基本上都是音乐的组织力量，而且当系统性的组织方法失效时，这却是个有效之道（而且做起来很快乐）。的确，当其他任何组织形式都无法奏效时，音乐治疗却特别具有戏剧性的成效。所以说，音乐或任何叙事的形式，是治疗智障或精神性运动不能患者不可或缺的一剂处方。因此，对他们进行的教育或治疗，一定要将重心放在音乐或某些类似的工具上。

而戏剧还有更多的效果：戏剧中有角色的力量，可以帮助整个人格的组织与持续，甚至还能改变个人的人格。能够去表演、扮演，进一步成为角色本身，似乎是人类生命中的“天赋”，无关智商高低、资质不同。我们从婴孩身上看到这一点，从老人身上也看得见，而我们在这世界每一个丽贝卡的身上看得最为明显。

* 注释 * *

1. 此典出自英国儿童文学作家刘易斯·卡罗尔（Lewis Carroll）的《爱丽丝漫游奇境》（*Alice's Adventures in Wonderland*）。——编者注

第二十二章　歌剧通马丁

像马丁这样一个智障者，会这么热爱巴赫，
实在令人不解，但也令人感动。
巴赫似乎是那么有智慧，而马丁却是个愚者。
有一件事，直到我买了清唱歌剧的磁带，
又去听了一场《庄严颂》之后，
还是搞不懂的，就是马丁的智力虽然这么低下，
他却拥有能够完全领会巴赫音乐复杂技巧的音乐智能；
不过，还不只如此，巴赫为他而活，
他也活在巴赫之中，而这完全无关乎智力。

马丁，61岁，1983年年底住进我们老人之家里时，已经得了帕金森症，而且没有办法照料自己了。他在婴儿时期就染上了几乎令他丧命的脑膜炎，造成了智障、情绪容易激动、癫痫，以及半边瘫痪。他上学的时间很短，但是受了很好的音乐教育，因为他的父亲是纽约大都会乐团著名的歌唱家。

他与父母同住，直到他们过世。之后他靠着当信差、快餐店的厨工等工作，过着仅能糊口的日子。任何可以做的工作他都做过，只是过不了多久就会被老板炒鱿鱼，原因总不外乎手脚太慢、心不在焉或能力不足。若不是因为他拥有优异的音乐天分和感受力，可以从中感到许多快乐，而且感染了别人，他的一生必然充满了灰黯和伤心。

尽管不会读谱，但他对音乐的记忆力惊人。有一回，他告诉我："我记得2000出歌剧。"事情是真是假，我并不清楚，因为他总爱强调自己的耳朵有多灵光、他多么有办法听一遍就能记住一出歌剧或一套曲目。可惜的是，他并没有一副配得上耳朵的好歌喉。虽然音准正确，但是声音沙哑，有些痉挛性的发音困难。

他天生遗传的音乐才气，显然在脑疾肆虐、脑部受损之下，仍然幸存。或者说，因此而获得音乐天分？如果脑子没有受损，他会是个像卡鲁索[1]（Caruso）一样的歌唱家吗？还是说，他的音乐发展，其实可以说是脑子受损与智力发展受限之后的一种"补偿"？我们永远不会知道。可以肯定的是，通过父子亲密的关系，尤其是父母对于智障孩子特别温柔的呵护，他的父亲不只遗传给他音乐的细胞，也包括了对音乐的热爱。马丁虽然反应慢又愚笨，仍深受父亲的宠爱，而他也回报以热烈的爱；而且这对父子之爱，更因为共同的音乐爱好而更加稳固。

无所不知的歌剧通

马丁生命中的重大遗憾是，他不能追随父亲成为一个有名的歌剧演员和声乐家。不过这倒不至于一直困扰着他，因为从他所“能”做的，他仍然得到了很大的乐趣，也相当的投入。别人会来请教他，甚至一些名人都跑来找他，因为他超强的记忆力，可以延伸到音乐之外，记得所有表演的细节。

他很高兴自己成为小有名气的“活百科全书”，不只知道2000出歌剧的音乐，还记得在数不清的表演中，每一位歌唱家所扮演过的角色，以及场景、舞台、服装、台上的装饰等，一切大大小小的事（他也很得意自己对于纽约的大街小巷、每一栋房子都了如指掌，也晓得所有的公交车、火车路线）。所以说，他是个“歌剧通”，也是个“白痴大师”（编按：或译白痴学者。医学上称之为“学者综合征”）。

这一切他乐在其中，像个孩子似地玩得很开心，很高兴自己可以记得那么清楚、记得那么细微的事。不过真正的喜悦，真正让日子能够过得下去的动力，是他亲身参与音乐活动，在当地教会的唱诗班唱诗（很遗憾，他因为发音困难的毛病，无法独唱），特别是在某些大型活动如复活节或圣诞节中，献唱《约翰受难曲》（*The John*

Passions)、《马太受难曲》(*The Matthew Passions*)、《圣诞组曲》(*Christmas Oratorio*)或《弥赛亚》(*Messiah*)。

从小男孩变成了大人，他在纽约一些大教会与天主堂的唱诗班，一待就是50年。他也曾在大都会音乐厅演唱，音乐厅拆掉后，还到过林肯中心，不过他当时隐身在瓦格纳（Wagner）或威尔第（Verdi）大部头的合声当中。

在这些时刻，主要是演唱神剧或受难曲，不过也有机会在小教会的唱诗班或圣歌队献唱，他整个人在音乐之中被升华，马丁忘却了自己的“智障”，忘掉生命中所有的哀伤与苦痛，感受到无限宽广的空间在眼前开展，觉得自己是一个真正的人，也是上帝真正的孩子。

马丁的内在世界，是怎样的一番光景？他对外头的世界所知有限，没有什么生活的知识，而且他也毫无兴趣。如果读一页百科全书或是报纸给他听、拿一张亚洲河流的地图或纽约地铁图给他看，他马上用那过目不忘的记忆力把它们记下来。但是这些一笔笔清清楚楚的脑中纪录，却跟他自己没什么关系，以沃尔海姆（Richard Wollheim）的话来说，这些事物是“无中心的”，里头并没有他、没有任何人或者任何有生命的东西。

他的记忆似乎是不带感情的，不会比感受一张纽约地图存在更多的感情，它们之间也不会形成关联，或者产生延伸的想法，或变成一般化的认知。所以说，他那丝毫不遗漏的记忆力，就像他身上的片段，并没有形成一个“世界”，或让人有这样的感觉。它是未经统一、没有感觉、跟他无关的。这个现象，让人感觉面对的是一部记忆机器，或是一个记忆库，而不是一个实实在在、活生生、有自我的人。

惊人的照相记忆

但即使是这样，这当中还是有一个相当特殊的例外，那个记忆立刻成为他最令人叹绝、最个人化，也最神圣的记忆。1954 年出版的、一整部包含九大册的《格罗夫音乐与音乐家字典》(*Grove's Dictionary of Music and Musicians*)，他全都牢记在心中。他可以说就是一部“活的格罗夫字典”。

他的父亲年纪大了，身体欠安，不能再做频繁的演出之后，大部分时间都待在家中，在留声机上播放他收藏丰富的声乐唱片，跟着每张唱片从头唱到尾，也跟当年 31 岁的儿子一块儿哼哼唱唱（这是他俩生命中最亲密的时光）。同时还大声朗诵格罗夫字典，6 000 页全部念过一遍，他一边念，里头的内容就深深烙印在他儿子记忆力无限、却大字不识一个的脑袋里。所以，马丁脑中的格罗夫字典，是由“听”父亲的声音而得来的。每当马丁回想起来，总是带有感情。

像这样令人叹为观止的庞大的照相般的记忆能力，如果被人利用，或做“专业上”的剥削，有时候会鸠占鹊巢，赶出了真正的自我，或者与自我竞争，阻碍了它的发展。而且，如果记忆中没有深度、没有感情，就不会因为记忆而痛苦，反而可以变成对现实的一种逃避。

这种状况，很清楚也很极端地发生在卢瑞亚的“记忆大师”身上，在他书中的最后一章，有让人拍案叫绝的描述。在马丁、荷西与双胞胎的身上，也某种程度地出现了类似的现象，只不过在这几个案例中，他们的记忆也用在现实生活中，甚至用在“超现实”，即一种对世界特异、强烈而神秘的感受力之中。

如果拿掉他所记得的那些细琐的事物，他的世界又如何？从许多方面来看，那个小格局、琐碎不堪而且黑暗的世界，构成一个智障者的世界；在其中，他被鄙夷、被当成小孩子看待，好不容易找到个卑微的工作，又因不符合成人世界的标准而被解雇：在这个世界中，他很难觉得自己是个象样的小孩，或是个象样的大人；别人对待他的态度，也给他同样的感受。

他时常很孩子气，有时候挺惹人嫌的，也会突然大发脾气，那时候骂人的话就像个小孩子。“我要丢一团烂泥巴到你脸上！”我有一次听到他这么尖叫，有时候他也会跟人吵嘴或打架。他浑身臭味，脏兮兮的，会把鼻涕擦在袖子上，这种时候他看起来就像个讨人厌的小鬼（感觉起来也是）。这样孩子气的性格，再加上他烦人、事事爱出风头的个性，搞得没有人喜欢他。他在院内很快就成为不受欢迎的人物，他发现自己受到许多人的排斥。

危机正在发生，马丁出现一周周、一天天的退化，大家都不知道该怎么办。起先他被断定是“适应不良”，所有病人在离开自己独立的生活，搬进“老人之家”之后，都会出现这种情形。但是修女觉得还有某些更特别的因素在影响着他：“有些事情在啃噬着他，好像是一种饥饿，一种啃噬他的饥饿。我们阻止不了，那正在摧毁他。”修女继续说，“我们得想点办法。”

所以，1 月的时候，我第二度去看马丁，却发现眼前的人完全变了样：不再像以前那样趾高气昂、喜欢表现，明显陷入一种精神上与身体上的痛苦之中。

“怎么回事？”我说，“出了什么问题？”

“我一定要唱歌，”他沙哑着声音说，“没有它，我活不下去。那不只是音乐。没有它，我也没办法祷告。”而后，突然之间，以前的记忆袭上他的心头，“格罗夫词典第304页‘巴赫篇’里说：‘音乐，之于巴赫，是敬拜的工具。’”“我没有礼拜天，”他继续说，带着更多轻柔、沉思的声调，“是没有去教会、没有在唱诗班唱诗歌的。当我长大会走路时，第一次去那儿，是跟爸爸一起去的，他在1955年死后，我还是固定去。我一定要去，”他激动地说，“不去的话，我会死。”

“你尽管去，”我说，“我们原来不知道你在想念什么。”

活在巴赫之中

教会就离老人之家不远，他们喜欢迎接马丁回去，他不只是个忠心的会友和唱诗班成员，更是继他父亲之后，唱诗班的智囊和建言者。在这之后，他的生命一下子有了180度的转变。马丁觉得自己又重拾往日适当的位置，礼拜天，他可以在巴赫的音乐声中歌唱、敬拜，同时享受他所得到的那份静谧的权威。

“你瞧，”下一次见到他的时候，他告诉我，并没有自夸的意思，只是纯粹在陈述事实，“他们晓得我知道所有巴赫的礼拜及合唱音乐。我知道所有的教会清唱剧，格罗夫词典上面列的202首，我都知道，还晓得哪个礼拜天和圣日要唱什么歌。我们是这个主教辖区里唯一拥有真正的管弦乐团和唱诗班的教会，也是唯一一所固定演唱巴赫声乐作品的教会。每个主日我们都会唱一出清唱剧，而这个复活节我们打算演唱‘马太受难曲’！”

像马丁这样一个智障者，会这么热爱巴赫，实在令人不解，但也令人感动。巴赫似乎是这么有智慧，而马丁却是个愚者。有一件事，直到我买了清唱剧的磁带，又去听了一场《庄严颂》之后，还是搞不懂，就是马丁的智力虽然这么低下，他却拥有能够完全领会巴赫音乐复杂技巧的音乐智能；不过，还不只如此，巴赫为他而活，他也活在巴赫之中，而这完全无关乎智力。马丁的确只有“零碎”的音乐能力，不过，这些能力只有在离开了正确和自然的环境时，才会显得零碎。

马丁心中唯一关注的，跟他父亲过去关注的一样（也是他们两个所共同分享的），永远都是音乐的精神，特别是宗教音乐的精神，用来颂扬、高唱，带着喜悦与赞美直入云霄的歌唱精神。

当他回去唱诗、回到教会，马丁就换了一个人。他寻回自我，再次更新，又变回了真实状态。那个虚假的人，那个被贴了标签的智障者，那个惹人厌、讨人嫌的小孩，都消失了。那个烦人、没有感情、没有自我的记忆力也不见了。真实的人再一次出现，那是个有尊严又高尚的人，受到院内其他人的尊敬与重视。

不过，最棒的事，是看马丁投入唱歌之中，或者聆赏音乐的样子，是那样的专注，似乎已臻化境：“在完全之中，完全投入。”这样的时刻，就跟丽贝卡在表演、荷西在画画，或者双胞胎在进行他们之间奇怪的数字沟通时是一样的。总结一句，马丁在此刻转换形象。所有的缺陷与疾病都远离了，在他身上看到的只有专注、活力、完整与健康。

* * *
* 后记 *
* * *

写下这篇文章，以及其后两篇文章时，我只是从我自己的经验出发，并不晓得有什么文献谈到这个主题，应该说，竟然不知道有很多相关的文章。例如，可以看看希尔（Lewis Hill）1974 年所列的 52 篇参考文章。一直到《数字天才宝一对》（见下一章）一文发表后，收到了一大堆来信和单行本，我才粗略得知这一点，而且常常还是搞不清楚状况。

在这当中，特别引起我注意的，是一篇由维斯考特（David Viscott）所写的优美又详尽的个案研究。在马丁与维斯考特的病人哈瑞特之间，有许多共通之处。两个个案都有异于常人的能力，这些能力有时候会用在“无中心的”、漠视生命的方向上，有时候则用在肯定生命、创造的方向上。所以，当哈瑞特父亲读给她听之后，哈瑞特记住了波士顿电话簿的前三页（几年之后，还记得上面的任何一个号码）；除此之外，哈瑞特的个例还增加了一个完全不同，而且非常具有创意的模式，她可以作曲，并即兴创作出任何一位作曲家风格的音乐。

显然这两个人，就像双胞胎一样（见下一章），有可能会被迫或被吸引去当个“白痴大师”，做一些迷惑众人却无意义的运算技巧表演。但只要不朝这个方向去逼迫他们，他们都会不断显出自己对美、对秩序的追求。虽然马丁对记忆一些随机、无意义的事物有惊人的功力，而他真正喜爱的还是秩序与和谐，无论那是清唱剧的音乐与灵性的秩序，还是格罗夫百科的秩序。而巴赫与格罗夫都在传达同一个世界。马丁的确除了音乐之外，没有别的世界（维斯考特的病人也是如此），但这个世界是真实的，也让他变得真实，并可以改变他。看到他的变化真是令人欣慰，在哈瑞特身上所见的，必然是同样的感觉：

> 当我邀请她在波士顿州立医院的一场研讨会中表演时，这个一事无成、笨拙、缺乏优雅姿态的小佳人，这个长得过大的5岁女孩，样子完全改观。她端庄地坐下，沉静地看着琴键，直到我们安静下来，然后慢慢地将她的手放在琴键上，让它们停了一下。接着点头，开始以全部的感情和一个演奏厅钢琴家的动作，弹出音符。从那一刻起，她已完全变了一个人。

白痴大师拥有真实智慧

“白痴大师”这个名字，让人觉得他们会的只是些奇怪的“伎俩”，或者数学神算，却没有真正的聪慧或理解力。这的确是我起初对马丁的想法。这样的想法，一直持续到我买了《庄严颂》之后才改变。那时候，我才终于清楚，马丁是真的能够完全理解这样一篇复杂的作品，并非只是靠着某些伎俩，或者超乎常人的记忆而已；他所拥有的是真实而有力的音乐智能。

所以，当这本书出版之后，我收到一篇住在芝加哥的米勒（L. K. Miller）所撰写的精彩文章，名字是《一位有发展性残疾的音乐大师对声音结构的感受力》（*Sensitivity to Tonal Structure in a*

Developmentally Disabled Musical Savant)，这篇文章格外引起我的兴趣。文章对一位 5 岁神童巨细靡遗的研究显示，他的母亲在怀孕期间得了麻疹，导致他心智与其他方面出现严重残障；他并不是用机械式的背诵记忆，而是“对于组合的规则，具有过人的敏锐力，尤其是不同音符在决定一个主要结构上所扮演的角色，对于延伸创造的结构规则拥有绝对的知识；也就是说，他不限于个人经验所提供的特定范例的规则”。

我相信，这就是马丁的情况。有人一定会想，这种看法说不定能适用于所有的“白痴大师”：他们可能在特定的领域，真的拥有创造性的聪明，不只是运算的“伎俩”而已。在这些音乐、数字、视觉等领域，不管是什么，他们都优于常人。这正是马丁、荷西、双胞胎所拥有的智慧；虽然局限在特殊而狭小的领域中，最后还是对一个人产生影响力。而我们需要去认识、去培养的，也就是这样的智慧。

*　　　　注释　　　　*　　　　*

1. 卡鲁索（1873~1921)，意大利男高音歌唱家、歌剧演员。——编者注

第二十三章　数字天才宝一对

他们一起坐在一个角落，
脸上挂着神秘、不为人知的微笑。
他们似乎彼此相系于完全只有数字的对话中。
约翰说出一个 6 位数的数目字，
迈克尔就领会了它的意义，点头、微笑，
好像正在品尝那个数字一般。
然后轮到迈克尔，也说了另一个 6 位数的数字，
这回是约翰领受，显出非常欣赏的样子。
他们的样子看起来，像两个正在品酒的人，
在分享罕见的人间佳酿。

1966 年，我第一次在一所州立医院见到约翰和迈克尔这对双胞胎时，他们已经颇有名气了。他们上过广播和电视，无论严谨的科学刊物或大众媒体，都对他们做了详尽的报道。我甚至怀疑，他俩还曾经成为科幻小说的主人公，内容虽有点加油添醋，不过主要还是根据已经刊出的报道写成。[1]

这对双胞胎，那时 26 岁，他们从 7 岁时就已经来到这家医学中心，被不同的医生诊断为自闭、精神病，或是严重智障。大部分叙述的结论都是，“就像白痴大师的状况”，或“他们没什么特别长处”，只有一点例外，那就是他们有特殊的“数据性”的记忆力；连最微不足道的事物，都能过目不忘；另外，他们能使用潜意识中的日历记忆，所以能够马上说出过去或将来的某一天是礼拜几。这是斯蒂芬 · 史密斯（ Steven Smith ）在他那本完备且具想象力的书《伟大的心算者》（*The Great Mental Calculators* ）中所采用的观点。据我所知，从 20 世纪 60 年代中期之后，就再也没有人对双胞胎做研究了，他们所引发的短暂兴趣，已经因为对他们的疑问有了明显的“解答”，而冷却下来。

不过，我相信这是个误解；或许是在僵化的观念之下，也或许是在研究者所使用的问题一成不变，且只注重他们完成“任务”的情况下，所自然产生的偏见。也因此，他们将双胞胎的心理、方法与生命，忽略到几乎什么都不是的地步。

实情其实比任何研究所说的更奇怪、更复杂、更难以解释。但是经由步步紧逼的制式“测验”，或是像“60分钟”之类的访问，却一点都看不出来。

表象之下的深度

我不是说这些研究或电视节目是“错的”。它们都很有道理，通常感觉上也很丰富，但是它们却自我限制在一些明显可见或者可以测验出来的“表相”中，没有再深入挖掘，也完全没有提到，或者猜测，其表面之下还有更深入的东西。

除非停止对这对双胞胎进行测验，不再将他们当作“主题”，要不然，难以从他们身上得出任何深度结论。我们需要把那些打算限制他们、测验他们的意图放在一边，好好地来认识这对双胞胎。公开、安静地观察他们，不要预设立场，而要放开心胸，从现象学的角度来观察，看他们怎么生活、思想、安静沟通、用他们独特的方法追求自己的生活。然后你才会发现，有非常神秘的事情在起作用，它的力量与深度，可能是属于最基本的一种；而那样的神秘，却是我认识双胞胎18年以来，始终无解的。

第一眼见到他们，对他们的印象真的不好：一对长相怪异的怪人，分不出彼此，外形、动作、个性就像照镜子般，一模一样。连心智状况都是画上等号的，两个人同样是脑部与组织受损。他们的个头比正常人矮，头、手跟身体比起来，大得不成比例，上颚与足部都弯曲得厉害，声音怪异、没有高低起伏；身体会产生各样奇特的抽搐与动作，还有高度近视，配戴的眼镜厚得不得了，眼睛好象都歪掉了；那副眼镜让他们看起来像荒谬的小教授，老是带着一种不对头、过度专注而诡异的注意力，盯着某些地方不放。而一旦开始测验他们，或者让他们像哑剧傀儡般，自动开始他们的“习惯动作”（他们很容易这么做），会更加深他们给人的那种怪异印象。

这就是过去出版的文章所提及或在舞台上所呈现的双胞胎。在我工作的那个医院，他们是每年年终晚会的重头戏。他们也常出现在电视上，看起来同样令人觉得尴尬。

在这些情境之下所呈现出的“事实”，永远一成不变。双胞胎说：“给我们一个日期：过去或未来四万年中的任何一天。”你给他们一个日子，他们几乎是同步告诉你，那天是礼拜几。“再一天！”他们叫喊着，然后表演就一再地重复。他们也会告诉你，八万年内有哪些日子是复活节。

有人可能会观察到，虽然并没有看到报道中有所提及，他们在做这些回答时，眼睛一直盯着某个方向，就好像他们正在打开或察看一幅内在的风景画，或是心灵上的日历一般。虽然有人归结说，其中的秘密完全只是计算的工夫，但他们会有那种“看到”的表情，目光十分专注。

记忆高手？心算专家？

他们在记忆数字方面非常的厉害，可以说是无限制的记忆。复诵3位数、30位数或300位数，对他们来说都是同样的容易。不过有人还是认为，这是因为他们有“诀窍”。

然而，一旦测试他们计算的能力——数学神童或心算者最擅长的本领，他们的表现却出奇的差，差不多就是他们60分的智商所该有的程度。简单的加法或减法，他们都会算错，而且根本不了解什么是乘法和除法。这又是怎么回事？“伟大的计算者”不会算算术，连最基本的数学能力都没有。

尽管如此，他们还是被称作“日历计算家”。大家毫无根据地推断认定，他们之所以有这样的能力，跟记忆力无关，而是使用了无意识的数字运算来计算日子。其实只要想想，连过去最伟大的数学家兼心算者高斯（Carl Friedrich Gauss）[2]，也无法推算出复活节的日子。很难让人相信，连最简单的数学计算都不会的双胞胎，能够以数学运算法推断、计算出答案。许多计算能力好的人，的确是有一整套方法和数学公式，可以算出他们想要的答案，可能就是因为这样，才让霍维茨（W. A. Horwitz）[3]等人先入为主地认定，双胞胎的情况跟这些人一样。史密斯也曾归结出这些早期表面的研究：

> 虽然已是老生常谈，但某些神秘的事情正在这里发生。人类神秘的能力，可以让人在下意识中形成数学运算。

如果事情就这么开始，也这么结束，那看起来的确像老生常谈，一点也不神秘。因为数学的计算，本质上是机械性的，是属于“问题”的层面，而非“神秘”的层面，计算机早已经能够处理得很好了。

然而，即使是在双胞胎的一些表演、一些“伎俩”当中，都有让人大跌眼镜的地方。他们能够说出他们一生中任何一天的天气和当天所发生的事，差不多从 4 岁开始的每一天都能说得出来。他们说话的方式既孩子气，又都是琐碎的细节，而且不带任何感情。

给他们一个日期，他们的眼珠子转几下，然后停下来，以一种平板、单调的声音告诉你，当天的天气、当时听过的政治事件，以及他们自己在那一天的生活。最后一部分通常带着童年的痛苦或深刻的挫折感，那是过去他们所遭受过的鄙夷、嘲弄和羞辱的经验，但他们却是用一种平板、没有变化的声调说出来，丝毫不带个人感情。显然，在这时候他们所带出来的记忆，是一种"资料性"的记忆，不掺入个人意见，与个人没有关联，也找不出其中有任何生活的重心。

巨细靡遗的记忆力

可以说，个人的感受、感情，已经从这些记忆中除去。尖锐一点来说，在强迫症和分精神分裂的病人身上，也可以看到这种现象（而一定也有人认为这对双胞胎有这种病）。不过，更具说服力的说法应该是，这类的记忆从来不会"有"任何人格性在其中，因为这类过度记忆力的基本特质正是如此。

不过需要强调的是，这对双胞胎记忆容量之大，可以说是无限的，而他们也可以无限制地搜寻脑中的记忆。虽然随便一个等着大开眼界的无知观众都会注意到这一点，而研究他们的人却很少提到。如果你问他俩，怎么能记得这么多事情，例如 300 位的数字，或者 40 年内数不清的琐事。他们会很简单地回答说："我们能看见。"他们所

“见”的，也就是“视觉中出现”的，频度之强、幅度之广，以及逼真的程度，似乎就是谜题的答案。

那好像是他们心智中天生自然的生理能力，这种情况可以与卢瑞亚《记忆大师的心灵》中那位出名的患者相提并论，虽然双胞胎并没有像“记忆大师”的记忆中那种丰富的综合性知觉（译注：由一种感觉刺激引起不同的感觉），以及有意识的组织。但是毫无疑问（至少我是这么认为），双胞胎的脑中存有大量的画面，像是些风景或是各样人、物的外貌，都是他们曾经听过或看过、想过、做过的事情，而且只要一转眼（从外表可以清楚地看到他们的眼珠子在快速转动，然后定睛），就能唤起这些记忆，并且“看到”大画面中的任何小事。

这样的记忆力是最不寻常的，但它们还不能算是独一无二。为什么双胞胎或其他人会有这样的记忆，我们所知有限，甚至毫无概念。双胞胎身上是否还有些更耐人寻味的事情，就如我先前所提示的？我相信是有的。

曾经有记载提到，19 世纪爱丁堡的音乐教授奥克利（Sir Herbert Oakley）爵士，有一次到一个农场，听到一只猪在叫，他立刻喊道：“升 G 调！”有人跑到钢琴那里，一弹果然是升 G 调。我自己对于双胞胎所拥有的天生能力、天生的思考模式，看法也是如此：想都没想就浮现在心头，而且我还忍不住觉得带点喜剧色彩。

数字 111 与 37

有一次一盒火柴从桌上被打翻了，散了一地。“111。”他们两个同时叫了出来。接着，约翰喃喃地说：“37。”迈克尔重复一遍，约翰又说一次，然后才停下来。我去数这些火柴的数量，花了一些时间才算好，果然就是111根。

“你们怎么能算得这么快？”我问，“我们没有算，”他们说，“我们看到111。”

数字神童达思（Zacharias Dase）也有类似的能力，一箩筐桃子倒出来，他可以立即说出“183”或“79”，而且很希望别人知道。他也是个智商很低的人，他并没有去“算”桃子，而是在刹那间，“看到”那一整堆桃子的数目。

“为什么你们要说‘37’，而且说了三遍？”我问这对双胞胎。他们异口同声地回答：“37，37，37，111。”

如果情况是这样，就更令我大惑不解了。如果他们是在瞬间看到“111这个画面”，虽然特别，也不会比奥克利的“升G调”更特别，因为那就像是某种对数字的“绝对音感”。但他俩却是在没有使用任何方法，甚至不“知道”除法是什么意思的状况下，将111除以3。我原先不是观察到，他们连最简单的算术都不会，也不“懂”（或似懂非懂）什么是乘法和除法的吗？然而现在，他们却自动地把一个多位数除以3。

“你们怎么算出来的？”我很急切地问他们。他们尽最大的力量，用有限的词句向我说明。不过，或许根本没有合适的言语足以表达这样的事，因为他们不是“算出来”的，只是在一瞬间“看到”了。约翰做了一个姿势，伸长两根指头和大拇指，好像在说他们是自然而然把数字分成三等分，或者它们是自然“分开”形成相等的三份，自然形成了某个数字。

对于我的惊讶，他们似乎也很惊讶，好像觉得我有点视障；而约翰的姿势也传达了一种对直接、“感受”事实的超寻常感应力。我对自己说，会不会是他们能“看到”事物的属性，而且不是通过概念、抽象的方式，而是直接、具体地感觉、感受到事物的“质”？而且不是单独成为一个的质感，像一整个的“111”——而是关系的质感？或许在某种类似的状况下，他们也会如同奥克利爵士，说出“三分之一”或“五分之一”这样的话来。

我开始觉得，通过“看见”事件和日期，他们真的能在脑海中挂起一张巨大的记忆织锦，一幅很大（可能是无限大）的风景图，每样东西都可以在里头看到，不论单独看，或从关联的角度看都可以。当他们展开其无休无止、脱口而出的“资料”时，他们主要展露出来的是单独而非关系的感受力。

这样神奇的内在视觉能力基本上是具象的，与概念化的能力完全无关，然而这岂不也让他们具备能力去看到关系，看到形式的关系，或形式与形式之间的关系，不管那是随意的或是有意义的？如果他们能一眼就看到整个111，难道不会也一眼“看到”（以一种与智商无关的整体感受，去看见、认出、联想和比较）数字巨大复杂的形成方式与星座图？这是种可笑的，甚至是残疾之能。我联想到博尔赫斯的“富内斯”：

> 我们在一眼间，能了解桌上的三个杯子；富内斯则可以理解组成葡萄藤的所有叶、茎与果子，黑板上画的一个圆、一个方形

与一个菱形。这一切都是我们能完全、本能理解的形式；艾瑞诺（Ireneo）能够同样理解小马浓密的马鬃、山坡上的牛群。我不知他能看到多少天上的繁星？

是否，特别喜欢数字、领悟力超强的双胞胎，能够一眼看出111这个数目，同样也能在心“眼”中看见由数字叶子、数字茎和数字果子组成的“数字”葡萄藤？这是一个奇怪，或许是荒谬、几乎不可能的想法。但他们已经让我看到太多奇怪、超乎常人所能理解的事情了。而我所见的，据我所知，只不过是他们能力当中微乎其微的一小部分而已。

我思考着这件事，但是实在想不出什么所以然来。后来我就把它忘掉了。直到我再度撞见一个自发的情景，一个神奇的情景。

愉快地交换神秘数字

这次，他们一起坐在一个角落，脸上挂着神秘、不为人知的微笑。我从来没有看见他们那样笑过，好似正在享受着某种奇怪的乐趣和安祥。我静静地靠近，以免打扰他们。他们似乎彼此沉浸于完全只有数字的对话中。

约翰说出一个6位数的数字，迈克尔就领会了它的意义，点头、微笑，好像正在品尝那个数字一般。然后轮到迈克尔，他也说了另一个6位数的数字，这回是约翰领受，显出非常欣赏的样子。他们的样子看起来，像两个正在品酒的人，分享罕见的人间佳酿。我静静坐在那儿，没让他们看见，颇为着迷却又不解。

他们在做什么？究竟是怎么回事？我完全摸不着头绪。那可能是一种游戏，但它带着庄重、投入之情，是一种安祥、默想、几乎是神圣的热情。我从未在其他平常的游戏中看到这番景象，他俩的样子也并非我向来所看到的那一对动个不停、静不下来的双胞胎。他们口中所说出的数字，我自己完全没有体会，而他们却明显从中得到快乐，在彼此的交会中，“默想”、品尝、分享着那些数字。

那些数字会有什么意义吗？回家的路上，我满腹狐疑地想着：这些数字有什么“真实”，或宇宙性的景象吗？或者只是一些古怪的、只属于他们自己才懂的景象，就像兄弟姊妹间有时候会编出来一些没什么意义的“秘语”？我开车回家的时候，想到了卢瑞亚提到的双胞胎——莱莎和尤拉，这对脑部受损与语言功能受损状况都一模一样的双胞胎。她们会用一种原始的、像婴孩一样，且只有她们才懂的语言来游戏和聊天。约翰和迈克尔甚至连一字半句都不用，只是不断地向对方丢出数字。这些“博尔赫斯式”或“富内斯式”的数字，只是数字的葡萄藤？还是只有双胞胎才懂的马鬃、星座、秘密的数字形式，或是某种数字暗语？

一回到家，我就抽出几张权数、因子、对数和质数的对照表。这几张表是我小时候一段奇怪、孤僻时期所遗留下来的东西。那时，我也是个满脑子数字的小孩，一个数字的“看见者”，对于数字有着特殊的狂热。观看双胞胎玩游戏时，我就有个预感，而今已获得证实。双胞胎彼此交换的6位数数字，都是质数，也就是除了1和数字本身，无法被其他数字整除的数目。他们是不是曾经看过，或也有一本像这样的书，还是他们自己，以一种令人无法想象的方法，本身就能“看到”质数，就像他们看到 111 或三个 37 那样？当然，他们不是算出来的，因为他们根本不会算。

参与高深的“质数游戏”

隔天我回到医院里，带着一本珍藏的质数书。我又发现他们黏在一起做他们的数字沟通，不过这一回，我静静地加入他们，没有说话。起先他们停顿了一下，不过看我没有打扰，又继续他们 6 位数质数的“游戏”。几分钟之后，我决定加入，试探性地说出一个 8 位数的质数。他俩都转向我，突然安静了下来，脸上露出专注，或许是迷惑的表情。停了好长一段时间，是我在他们身上看过最长的一次停顿，差不多持续了半分钟，或更久——然后，突然两个人同时露出笑容。

经过了某种难以想象的内在测试，他们突然看到我的 8 位数是质数，对此他们显得非常开心，是一种双重的喜悦：第一是因为我介绍了一种好玩的新玩法，他们原先还没有接触到这一层的质数；第二点令他们高兴的是，因为我已经看出来他们在做什么，而且我也喜欢、欣赏这个游戏，愿意加入他们。

他们稍稍分开点，腾了一个位置给我这个新玩伴，“二人世界”的第三个人。接着一向首先发难的约翰，想了很长一段时间，足足花了 5 分钟，我动都不敢动，大气也不敢喘一下。然后他说出一个 9 位数的质数；接着他的另一半迈克尔，也花了差不多等长的时间，提出了一个类似的数字。接着轮到我了。我偷瞄了我的书一眼，添上自己不算太光明磊落的贡献，响应了一个从书中看到的 10 位数质数。

同样的情况再度发生，这一次他们寻思、沉默的时间更久。接着，约翰经过一番神奇的内在思考之后，提出了一个 12 位数的质数。这回我可就无资料可查，答不出来了，因为我的书（这本书就我所知，已经是非常难得的了）只记载到 10 位数质数。但是迈克尔还是跟上来了，虽然花了他 5 分钟才想出来。而且一个小时之后，双胞胎已经在交换 20 位数的质数了（至少我假设那应该是质数，因为已经无书可查了）。

在 1966 年的时候，除非能够动用复杂的大计算机，也没有比较简单的检验方式。即使可以，还是很困难，因为不管用伊氏筛检法，或其他任何数学公式，都不存在计算质数简单的方法。到了这个阶段的质数，根本没有简单的方法可算。但是双胞胎却是照做无误（见后记）。

我又再一次想起达思，他是几年前我在迈尔斯（F. W. H. Myers）的《人类的人格》（*Human Personality*）上读到的一个例子：

> 我所认识的达思（可能是这类神童中最成功的一位），对数学完全缺乏理解。然而他在 12 年内所做的因子与质数表，其中所载的数字超过 700 万，将近 800 万。按照一般人的寿命，没有机器的帮助，很少有人能完成这样的工作。

迈尔斯总结说，达思可能是世上唯一一个过不了艾斯桥[4]（Ass's Bridge），却对数学贡献良多的人。

迈尔斯没有说清楚的是，达思是不是有什么秘诀来完成他的表格，或者就像他的“数字视见”实验所暗示的，达思如同双胞胎一样，能够“看到”这些大质数。

在数字中找寻和谐

当我在一旁默默观察着双胞胎时（这并不难，因为我的办公室就在双胞胎所住的那一病房区），我看到他们做过无数其他的数字游戏，或进行数字交谈。这类游戏的本质是什么，我无法确定，也猜不透。

不过那看起来像是他们正在处理“真实的”属性或本质，因为反复无常的事物，例如随机的数字，无法或很少带给他们快乐。很明显，他们需要对他们的数字有“感觉”，这种情况有点像音乐家一定少不了和谐，就像同样智障的马丁（见第二十二章），在巴赫沉静庄严的音乐建筑中，找到他有限智力原本无法以概念去理解的终极和谐和世界的秩序。

“任何一个天性和谐的人，”布朗爵士（Sir Thomas Browne）[5]写道，“都会在和谐中找到快乐和造物主深沉的思想。其中存在着比耳朵所能听见的更多的神性；是关于这整个世界的一篇象形教导，恰恰融入上帝以其智慧所能听到的和谐当中。这样的灵魂是和谐的，对音乐有着最亲近的认同。”

沃尔海姆（Richard Wollheim）在其《生命的线索》（*The Thread of Life*）一书中，对于计算和他所称的“图像的”精神状态，做了绝对的区分，他并且预期会有人反对这样的区分法：

有些人可能会驳斥所有的计算都是非图像这件事，所持的理由是，当他计算的时候，有时候是看着所写下来的，并进行运算。但这不构成反证。因为这种情况，并不是真的计算，而只是计算的呈现；我们所计算的是数目，但所见的是代表数目的数字形状。

听见心中的另类交响曲

相反，莱布尼茨（Leibniz）[6]则对数字与音乐做了一番引人好奇的模拟："我们从音乐得到的乐趣，乃是从计算而来，只不过是无意识的计算。音乐也不过就是无意识的数学。"

这种说法，就目前我们所能肯定的部分，正好符合双胞胎的情况。或许其他人也是如此？作曲家托赫（Ernst Toch）[7]的孙子劳伦斯告诉我，托赫听到一长串的数字，能够马上记下来；不过他的方法是将那串数字"转化"成音符（他自己创作了一段符合数字特性的音乐）。巴克斯顿（Jedediah Buxton）[8]是一个最不吸引人却又最固执的心算家，他对数字与计算有着十足甚至病态的狂热（用他自己的话说：想数字会让他"想得醉了"），会把音乐与戏剧"转化"成为数字。

1754年，有个同时代的人这样记载巴克斯顿："他把注意力放在数算音阶的数目，在一段美妙的音乐结束之后，他宣称，这段音乐数不清的声音，真是让他心醉神迷到了极致。他去听一位叫加瑞克的先生的演讲，竟然只是为了计算他说了多少字，而且还说自己算得很准。"

这两个例子虽然有点极端，而且恰恰相反——音乐家把数字变成音乐，而心算家把音乐变成数字。很少能找到比这两个更天差地别的心灵了，或者说，更对立的心灵模式了。[9]

这对双胞胎虽然对于数字有着过人的“感觉区”，却完全不会计算，我相信他们应该不属于巴克斯顿这一类的人，而比较像托赫，不过他们并没有将数字转换成音乐，而是实在地去感受数字的“形式”与“调子”，就像组成自然的多重巨大形式。他们不是心算家，他们的数字观是“图像的”。

他们传唤出奇异的数字景象，置身其中，游历于巨幅的数字风景里；他们一幕幕地创造出一整个由数字组成的世界。我相信，他俩有最单一性质的想象力，但是内容并不会因为只有数字而变得单调。他们并不“操作”数字，不像心算家那样数算无图像的数字；而是直接“看到”巨大的自然景象。

如果问起来还有没有类似的图像化的例子，我想在某些科学家身上也可以发现这种状况。例如，门捷列夫（Mendeleev）随身携带写在卡片上的元素符号，直到把它们完全记熟为止。熟到在他眼中，这些元素不再是一群一群的化学组合或是属性，而是“熟悉的脸孔”。到了这时候，他所见的元素就是图像式的，有外表的，犹如一张张的脸，这些脸孔彼此相属，就像家庭中的成员，而它们整合起来，按着周期排列，就构成了整个宇宙的脸孔。像这样的科学脑袋就是图像式的，把一切自然的事物都“看”成脸孔与景象，或许还将之视为音乐。

这种视觉，内在的视觉，虽然充满了感官的感受，实际上与生理现象却有着密不可分的关系。而且把它从心理还原到生理，正构成了第二层，或外在的科学。（“哲学家寻求自己内在回响的世界交响曲，”尼采写道，“然后将它们以概念的形式，重新投射出来。”）双胞胎虽然是低智商的人，却能听见这世界交响曲，只不过，我猜测完全是在数字的形式中听见的。

熟悉而亲切的朋友

无论一个人的 IQ 如何，他的灵魂都是“和谐的”，而对于物理学家和数学家这类人而言，这种和谐的知觉，或许主要还是智能上的。但同时，我也无法想象，有何智能不是多少带着些感觉的。事实上，“知觉”一词，一直都存在着双重的涵义。它既是指理性的，又在某种程度上是“个人的”。若事物本身跟个人毫无关系，或扯不上关系，一个人不会感觉任何事情是“合理的”。所以巴赫伟大的音乐结构，为像马丁这样的人提供了一种“象形的世界，影子的宇宙”，但那同时也是独一无二、深受人喜爱的巴赫作品，而这一点，马丁也深切地感受到，并且想到巴赫，就想到他所挚爱的父亲。

我相信，双胞胎所拥有的也不只是某种奇怪的“能力”，而是一种和谐的知觉，或许类似于音乐的知觉。有人可能会很自然地说那是“毕达哥拉斯式”（Pythagorean）的知觉，奇怪的不是他们具有这样的知觉，而是这样的知觉如此罕见。不论 IQ 高低，一个人的灵魂都是和谐的，而且可能所有的心灵都需要去寻找、去感受那种终极的和谐或秩序。数学一向被称为“科学之王后”，数学家永远能够感受到数字的高度神秘，而数字的能力也很神秘地组成了这个世界。罗素

（Bertrand Russell）《自传》（*Autobiography*）的前言，将这一点表达得非常好：

> 我以同样的热情寻求知识。我盼望了解人的内心。我想知道为何星光闪耀。我也试着了解毕达哥拉斯定理的力量，了解为何数字控制了水的溢出。

把双胞胎这两个愚人拿来与罗素这样的智者相比，是显得有点儿怪。然而，我想并不是那么的不恰当。双胞胎完全活在一个数字的思想世界中。他们对于星光闪烁或人的内心没有兴趣。但我相信，数字对他们而言，绝不只是数字，而具有深远的意义；数字就是意义，所包涵的就是这个世界。

他们不是像大部分的心算家那样，以肤浅的态度对待数字。他们对于计算既没兴趣，也无能力，所以无法理解。他们宁愿是数字的沉思者，带着敬畏之心去面对数字。对他们来说，数字是神圣的，充满了意义。就像音乐之于马丁，数字是他们了解上帝的方式。

不过，数字不只让他们肃然起敬而已，也是他们的朋友，可能是在他们封闭、孤独的世界中唯一认识的朋友。在那些对数字有天赋的人身上，也常见到这种状况。史密斯虽然认为“方法”很重要，却提出了许多有关于此的趣味盎然的例子；比德（George Parker Bidder）[10]曾写过他的“数字童年”：

> 我对于1到100的数字相当熟悉，它们变得好像是我的朋友，我知道它们之间的关系，也知道谁跟谁认识。

或者像同时代来自印度的学者马拉瑟（Shyam Marathe）所说的：

当我说数字是我的朋友，我的意思是，过去我有时候以好几种不同方式处理某个数字，常常发现里头还存在着全新、迷人的特质。所以，在计算的过程中，当我遇到一个熟悉的数字，立刻就把它看作是个朋友。

赫尔曼·冯·赫尔姆霍茨（Hermann von Helmholtz）[11]谈到音乐的领受时说道，虽然组成的音符能够加以分析、拆解，音乐却是以音符特殊的质地入耳，无法切割。他在此谈到超越分析的“复合感知”，那是存在于所有音感中不可分析的要素。他将音符比拟为脸孔，认为听音乐就像认脸孔一样，每个人各有其感受的方式。简单来说，他认为，音符当然也包括调子，事实上就是耳朵所听到的“脸孔”，能够像一个人一样马上被指认、感受，而且其中还带着温暖、情感和个人的关系。

那些喜爱数字的人，似乎也是同样的情形。数字对他们也是像熟人一样，看一眼就立刻有个人的反应：“我认得你！”[12]数学家克雷因（Wim Klein）[13]说得好：“数字或多或少像是我的朋友。对于3844这个数字，你不会有什么感受，对不对？对你来说，那只是个3，再一个8，再两个4。但我会说：‘嗨，62的平方。’”

以爱为名的伤害

我相信，这对双胞胎虽然看起来如此与世隔绝，却生活在一个充满朋友的世界中；有百万、上亿的数字，会令他们说："嗨！"而这些数字也会回一声"嗨！"只不过，没有一个数字是自行决断，就像62的平方，也没有一个数字是以任何普通的方式或任何我可以想得出来的方式出现（这还是个谜）。

他俩对此似乎有着直觉的认知，就像天使一样。他们可直接看见一个数字的宇宙和天堂。这样的认知，无论多特别、多奇异，我们有什么资格说那是一种病态呢？数字的世界让他们的生命自给自足而充满平静；试图去干扰，甚至破坏这样的世界，都可能带来悲惨的结果。

事实上，在10年后，这样的平静遭人打断并且破坏，因为有人觉得双胞胎应该分开，这是"为了他们好"，不要让他们"凑在一起做不健康的沟通"，好让他们能够"走出来面对世界，并以一种适当的、社会可接受的方式"（医学和社会学的术语常这么说）。1977年时，他们被分开了，结果可以说是很不理想，或者说可悲。两个人都被迁到中途之家，为了零用钱而从事最卑微的工作，也被盯得紧紧的。如果经过详细的指点，给他们一张车票，他们也会自己乘车；他们可以保持自己仪容的整洁，虽然还是一眼就可以认出他们是低能的人。

这方面的尝试是正面的，但也有其负面之处（而且不会在他们的病历表上看出来，因为一开始就不被当做问题）。被剥夺了彼此用数字沟通的机会，也不再有时间做任何"沉思"或"神交"，他们日复一日地匆匆忙碌着一个接一个的工作——失去了奇异的数字能力，也因此失去了主要的快乐与人生的意义。但是毫无疑问人们还是认为，为了能过着半独立、"为社会所接纳"的生活，这样的代价并不高。

有人会由此联想到对娜蒂亚的治疗，她是一个患有自闭症，但拥有绘画天赋的孩子（见第二十四章）。娜蒂亚也是被强加治疗，以便“她在其他方面的能力可以增长”。最后的结果是她开始说话，但同时停止了画画。丹尼斯（Nigel Dennis）对此评论说：“最后只剩下一个天分被夺走的天才，没有留下任何东西，只有一般的缺陷。对这样奇怪的治疗，我们该做何感想？”

还有一点要补充的是，这样的天分的确“奇异”，而且也有可能自动消失，虽然通常的状况是会持续一生。在双胞胎身上，这种天分也不只是一种“机制”，而是他们生命中个人和情感的中心。如今他们被分开，天赋就消失了，对他们的生命而言，再也没有任何意义或中心了。[14]

后记

罗森菲尔德（Israel Rosenfield）[15]看过这篇文章后指出，在传统的数学运算之外，还存在着更高级和更简单的数学运算。而他怀疑，这对双胞胎独特的能力，或许并未反映出他们对这类基本数学的使用。在给我的信函中，他推测，像是斯图尔特（Ian Stewart）[16]在《现代数学的概念》（*Concepts of Mordern Mathematios*）一书中所描述的模数算法，有可能说明双胞胎计算日期的能力。

他们决定 8 万年中的日子是一周中的哪一天，可能是一种相当简单的数字运算。以 7 来除以当时到现在之间的天数，如果整除，那么那一天就跟今天一样；如果余一，则是往后再推一天；以此类推。要知道，基本的数学都是一种循环：由重复的形式所构成。或许双胞胎可以看见这种形式，不管他们所见的是简单的表，或是某种像是斯图尔特书上所画的整数螺旋那样的“风景”。

独特的运算

这仍无法解释为什么双胞胎要以质数来沟通。不过日期运算需要有7这个质数。如果将基本数学运用在一般的计算上，只有在以质数来作为除数时，所得的结果才会是循环的形式。由于7这个质数帮助他们找出日期，以及他们生命中某一天所发生的事，他们也有可能发现其他质数，对那些他们在记忆上至关重要的事，也能同样产生类似的形式。（当他们说火柴111、37、37、37时，不要忘了，37也是质数，再乘以3这个质数就是答案了）

事实上，只有质数的形式才能被“看见”。不同质数产生不同的形式（例如乘法表）可能就是他们重复提出质数时，彼此沟通的视觉信息。简单来说，基本的数学运算或许能帮助他们唤回过去的记忆，结果使用这些计算所创造出来的模式（只发生在质数上），也对双胞胎产生了特别的意义。

斯图尔特指出，运用这种模式的运算，一个人会很快地得到特别的解答，速度之快，足以击败任何“普通”的算数，特别是想以传统的方式来找出极大、难以计数的质数（依照一般所称的“鸽笼原理”[17]）时，更是如此。

如果这样的方法和视觉是运算方式的话，那应该是一种相当独特的运算，不是通过代数，而是通过空间性的，就像树、螺旋、建筑或“思想的柱子”一般的组织，即一种有形却也是半知觉、具有心智空间轮廓的运算。

罗森菲尔德的话，以及斯图尔特对于更高深（尤其是这种特别的模式）运算的阐释，让我深觉兴奋，因为这些话至少有力地点出了（即使不是绝对的答案）原来无法解释的力量，像在双胞胎身上所出现的状况。

如此较高深的运算，当年主要是由高斯于1801年在他的《论运算》（*Disquisitiones Arithmeticae*）当中提出来的。不过直到最近几年才成为事实。有人必定要怀疑，难道没有“传统的”数学运算，也是如高斯所言的深度的数学是天生就会的，如同乔姆斯基（Chomsky）所说的语言“深”结构和繁衍性方法。这样的运算，在像双胞胎这类人心中，可能是相当强，甚至活跃，犹如数字的星球或星云，在无垠无际的心灵天空中，不断地旋转、演化。

无穷的乐趣

就像我先前说过的，在发表了双胞胎的故事后，我接到大量的来信、电话，有的来自个人，有的来自科学单位。其中有些特别讨论“看见”或数字理解力这个主题，有些人是关心附属于这些现象的感受力，还有些人则是讨论智能不足者一般的特质，以及他们的知觉能力，想了解该如何培养或排除这些能力，还有些人提出关于一模一样的双胞胎问题。

最有趣的是一些家长的来信；其中特别罕见且宝贵的，是一些父母亲被迫去思考这个问题，去探究原因，并且成功地结合他们对孩子的感情，与深度客观的理解。帕克夫妇就是这样的一对父母，他们本身有很高的天分，有个资赋优异但是自闭的孩子。

帕克家的孩子艾拉，很会画画，同时对于数字也相当具有天分，尤其在小的时候格外明显。她非常着迷数字的“秩序”，特别是质数。这种对质数特殊的感觉，显然并不罕见。帕克太太告诉我，她认识的另一个自闭症孩子，会“不由自主地”在纸上写满了数字，“而且都是质数”，她加上一句，“这些数字是进入另一个世界的窗口。”

后来她提到最近与一个自闭症年轻人相处的经验，那个人也是对因子和质数非常着迷，他立即能感受到这些数字是“特别的”。的确，“特别”这个字一定是用来引导出一种反应：

“这个数字（指的是 4875），乔，有什么特别？”

乔：“它只能被 13 和 25 整除。”

“另外一个（7241）呢？”

“它可以被 13 和 557 整除。”

“而 8741 又如何？”

“它是个质数。”

帕克太太说：“他家里面没有人强调质数；那是他自己一个人的乐趣。”

数字的世界

在这些例子里所不清楚的是，答案怎么能几乎在转瞬间就到手了？这些答案是“算出来的”、“已经知道的”，或者只是“看到的”？可以确定的是，质数能为这些人带来特别快乐的感觉和意义。其中某一些似乎跟对于形式之美与均衡的感受有关，但有些则特别与“意义”或“潜力”有所关联。

在艾拉口中，质数则常被说成是“神奇的”。数字，尤其是质数，会唤起特别的思想、影象、感觉与关系，有些几乎太特别或太神奇了，以致于讲不出来。在帕克先生的报告中也提到过这点。

哥德尔（Kurt Gödel）[18]曾经广泛地讨论数字，特别是质数，作为“标记”的情形，也就是作为想法、人、地方等等的标记；这类哥德尔式的标记，会铺设出一个“数学性”或“数字化”的世界。如果真的出现这种状况，很可能双胞胎或其他和他们一样的人，不只是活在数字的世界里，而是他们本身就是以数字的方式存活在这个世界上，他们的数字沉思或游戏，其实是一种“存在”的冥思，而且，若是人们能了解或者找到打开他们世界的钥匙（帕克先生有时候找到了），也能与他们进行奇异但是精准的沟通。

* 注释 * *

1. 见罗伯特·希尔福伯格（Robert Silverberg）的小说《荆棘》（*Thorns*），特别是11~17页。

2. 高斯（1777~1855），德国著名数学家、物理学家、天文学家。

3. 罗伯特·霍维茨，生于1947年，美国当代科学家。2002年获诺贝尔生理学或医学奖。

4. 指欧几里德《几何原本》第一卷第五道命题：等腰三角形底角相等。这是初学者一时不易理解的定理，因此该典常用来比喻初学者难以理解的问题。——编者注

5. 托马斯·布朗（1602~1682），英国医师、作家。——编者注

6. 莱布尼茨（1646~1716），德国自然科学家、哲学家，微积分、数理逻辑的先驱。——编者注

7. 厄恩斯特·托赫（1887~1964），奥地利裔美国作曲家。——编者注

8. 杰德迪亚·巴克斯顿，18世纪德国一位著名计算高手，能通过心算求出一个39位数的平方。——编者注

9. 与《觉醒》中的病人米利亚姆（Miriam）在“计算癖”发作时表现出的巴克斯顿模式相比，这两者显得更加不自然。

10. 乔治·帕克·比德，19世纪英国的一名心算天才。——编者注

11. 赫尔曼·冯·赫尔姆霍茨（1821~1894），德国物理学家、生理学家，论证并发展了能量守恒定律。——编者注

12. 对脸部的认识和感知引发了非常有趣也非常重要的问题：毋庸置疑，我们都是直接就认出别人的脸（至少我们熟悉的脸是这样），而不是先观察个别部位再进行整合。我们知道，患有面部失认症的病人非常奇特，他们的右脑枕叶皮质出现问题，从而不能认出别人的脸。他们会采取间接方式，荒谬地把对方的面部特征拆成一块一块，

然后仔细地进行分析（见本书第一章）。

13. 克雷因（1849~1925），德国数学家。他提出过著名的“克雷因瓶”——一种只有一个面的曲面。——编者注

14. 从另一个角度讲，这样的决断太过片面。我们要知道，在卢瑞亚研究的双胞胎的案例中，姐妹的分离对她们自身的发展非常有必要，能够把她们从无意义的、幼稚的环境中解放出来，能够让她们成为健康的、有创造力的正常人。

15. 伊斯雷尔·罗森菲尔德，美国当代心理学家。——编者注

16. 伊恩·斯图尔特，生于1945年，英国当代数学家，单独或与他人合写了多部著作，如《上帝掷骰子吗？》(*Does God Play Dice?*)、《惊人的对称》(*Fearful Symmetry*）等。——编者注

17. 我国多称为抽屉原理，其一般叙述是：有 n+1 件或以上的物品要放到 n 个抽屉中，那么至少有一个抽屉里有两个或两个以上的物品。——编者注

18. 库特·哥德尔（1906~1978），奥地利数学家，以其提出的不完全性定理出名。——编者注

*　　　　　　　　*

第二十四章　自闭画家的心路历程 *

他画出来的图，有一种原画当中所没有的特殊质感。
小船上丁点大的人，经过放大，
变得更强烈，更有生命力，带着投入向前的感觉，
这在原画中常是看不出来的。
所以，它超越了仅是一张复制品的力量，
让人感受到，他似乎有着清楚的想象力和创造力。
那不只是一艘独木舟，
而是他个人的独木舟，此刻正浮出画面。

我将怀表递给荷西，说：“画这个。”

荷西差不多21岁，有人说他的智障无可救药，早年的时候还患了严重的癫痫症，吃了不少苦头。他长得瘦瘦的，一副很单薄的样子。

他那不专心、动个不停的情况，猛然停止了。他小心翼翼地拿起表来，好像那是个避邪物或是珠宝一样，把它放在面前，然后动也不动，盯着怀表直看。

“他是个笨蛋，”助理插嘴，“别想问他，他不知道那是什么，他不会看时间。连讲话都不会。人家说他是自闭症，我看根本就是个笨蛋。”

荷西脸色转为苍白，或许是受到助理的音调，而不是他所说的话的影响。助理说过，荷西不会说话。

“继续，”我说，“我知道你办得到。”

荷西在绝对的静默中下笔，完全专注于他眼前的怀表，其他一切都排除在外。现在，他第一次看起来无所畏惧，毫不迟疑，身心灵合而为一，而不是心神涣散。他画得很快，但是非常仔细，线条清楚，没有涂抹。

我大概都会要求患者，如果可能的话，写些东西，或画个什么。这么做的原因，有一部分是把它拿来做为粗略而现成的指标，来检测病人的能力。也是借此让他们表现自己的“个性”或“风格”。

荷西画的怀表相当逼真，每个细节都没有漏掉（至少是重要的细节，他没有画出“威斯克表，防震，美国制造”的字样）；他不只画了时间（准确地落在 11 点 31 分），还包括每一秒的刻度，以及嵌在表面上的秒针盘。不只这些，还有弯曲的发条转轮，以及用来系在链子上的梯形把手。这个把手被放大了许多，其他部分的比例都正常。表上的数字，大小、形状、样式都不同：有些宽、有些窄；有的排成一列，有的夹在当中；有些看起来很单调，有的则样子花哨，带点哥特式的味道。而嵌在上头的秒针，原本毫不起眼，却在他的笔下变得相当明显，就像星座钟或星盘上的小发条。

这个东西的样子，它的“感觉”整个都出来了。最令人惊讶的是，如果荷西真如那位助理所言，对时间毫无概念，那他竟然可以画得这么传神。除此之外，他所画的，还融合了至极的精准感，以及奇怪的引申与变调。

开车回家时，我心头萦绕着此事，深感疑惑。一个“白痴”？自闭症患者？不，一定还有些别的。

别出心裁的画风

我没有再被要求去医诊荷西。礼拜天晚上的第一通电话是一次急诊。荷西的癫痫发作了一个星期，我在电话上稍微调整了一下他的抗癫痫药方。既然他的病情已经“控制住了”，就不再找我。但是关于怀表的那件事，还是困扰着我，有种神秘未解的感觉。我需要再见到他。所以我安排了另一次就诊，想看看他完整的病历表。看到荷西之前，我只拿到一页诊断书，记载的东西不多。

荷西一派轻松地走进了诊所，他不知道为什么要来（或许也无所谓）。然而，当他看到我，脸上绽放了笑容。沉闷、漠然的脸庞，我原先印象中的那张面具在这时候卸下了，露出了一个短暂而害羞的微笑，就像门外透进的一束阳光。

“我一直在想关于你的事，荷西。”我说。他可能听不懂我的话，但是能了解我的音调。“我想看你画更多的画，”我递给他一支笔。

这次要他画什么呢？我手边一直有本《亚利桑那高速公路》（*Arizona Highways*），这是我特别喜欢的杂志，里头有许多图片。我带着它作为神经诊断的工具，用来测试病人。杂志的封面是一幅风景，两个人在湖上划着独木舟，傍着青山和夕阳。荷西从前景开始，画出靠着水边一大片几乎是黑色的剪影，他先打出非常精确的草稿，然后开始画里面的部分。不过这部分显然应该用水彩笔而不是细字笔来画。

“跳过去吧，”我说，然后指着，“继续画独木舟。”很快，荷西毫不迟疑地画出了人和独木舟的剪影。他看着人和舟，然后把眼光移开，他们的样子已经印在他脑中了。接着他快速地用笔把细节画出来。

此时让人留下更深刻的印象，因为整幅景象都在其中了。他的速度和逼真的描绘，真的让我非常惊叹，尤其荷西是看着独木舟，然后移开目光，才把它画下来的。这一点很有力地证明，他不只是照葫芦画瓢而已。助理上次是这么说的：“他只是复制。”而这也可能意味着，他能够理解当中的景象，同时表现出了相当的能力，不只是在抄袭，而是有所领会。因为他画出来的图，有一种原画当中所没有的特殊质感。

小船上丁点大的人，经过放大，变得更强烈，更有生命力，带着投入向前的感觉，这在原画中常是看不出来的。一切沃尔海姆认为具有图象特质的印记：主观、张力和戏剧性，在他的画中都呈现出来了。所以，它超越了仅是一张复制品的力量，让人感受到他似乎有着清晰的想象力和创造力。那不只是一艘独木舟，而是他个人的独木舟，此刻正浮出画面。

注入俏皮的元素

我翻到下一页，一篇谈钓鳟鱼的文章，上头有粉笔画的水色小溪，背景是岩石和树木，前景则是一条彩虹鳟即将飞跃出水的画面。

“画这个。”我说，指着那条鱼。他凝神看着它，好像在对他自己微笑，然后把头转开。这一次，带着明显的喜悦，他的笑容变得愈来愈灿烂，他画了一条他自己的鱼。

在他画的时候，我也不自觉地笑了起来。因为现在，他跟我在一起已经很自在了，能够放开自己，而且逐渐浮现在我眼前的，是带点狡黠味道的，不只是条鱼，而是一条有“个性”的鱼。原先那条鱼缺乏个性，看起来死板，没有立体感，甚至有点像标本。相反，荷西画的鱼，鱼体倾斜、姿态平衡，角度相当立体，比原本的更像条活生生的鱼。

他所画的，不只是逼真而有活力，其中更添加了某些东西，某些不全然像鱼，但非常具有表现力的东西：一个大而深陷，如鲸鱼般的嘴巴；微微像鳄鱼样的短吻，一只非常灵动的眼睛，而这些特征全部

加起来，就构成了一副相当淘气的表情。那是只很逗趣的鱼（难怪他会笑），有点儿半人半鱼，就像《爱丽丝梦游奇境》里面那个青蛙侍者，是个童话角色。

现在我有东西可以继续了。怀表的呈现让我大吃一惊，也引发了我的兴趣，不过那还不足以下任何定论。独木舟则表现了荷西令人印象深刻的视觉记忆力，以及更多的其他事情。鱼的画作则显示了他活泼、别具心裁的想象力、幽默感，还有某些符合童话艺术的特质。

质朴却动人的艺术

当然那不是伟大的艺术，而是一种平民的，或说是小孩子的艺术；但无疑那是一种艺术。而当中的想象力、趣味性及艺术性，绝对是一般人不会对白痴，或者白痴大师、自闭症患者所寄予的期望。至少大部分人是这么想的。

我的朋友兼同事罗萍好几年前见过荷西，那时候他因为“难治的癫痫”来到儿童神经部门。当时，以她丰富的经验，可以肯定荷西是自闭儿。对于自闭儿一般的情况，她曾写道：

> 少数自闭症小孩很擅长拆解文字性的语言，而且具有强大的识字能力，或对数字偏执；自闭症儿童在解答谜题、拆解玩具或解读书写内容时有过人的能力，或许反映了其注意力与学习，不正常地集中在非口语、视觉空间的事物上，借此排除了（或者应该说是因为缺乏）学习口语技能的需要。

塞尔菲博士（Lorna Selfe）那本令人赞叹的《娜蒂亚》（*Nadia*）（1978年出版）中，也提到类似的观察，尤其是在绘画方面。他从文献搜集而得的资料中发现，当中所有的“白痴大师”或自闭型天才所精通或表现特出的地方，都明显在于计算或记忆，而不在于任何想象性或个人性的事物。如果这些孩子会画画，这种情况会被认为是很少见的，他们所画的也只是机械性的。这些文献对他们使用的说法是“杰出的孤岛”和“破碎的技巧”。个性在其中毫无地位，更不用说是一个具有创造性的人格了。

荷西的例子怎么解释呢？我必须问自己。他是怎样一个人？在他身上发生了什么事？他是怎么变成现在这种情况的？那是怎样的情况？有可能采取什么办法吗？

现有的数据既给我帮助，又让我迷惑。从他的怪病第一次发作到现在，已经累积了庞大的“数据”。我手边有一大迭病历表，其中包括早年对他原发疾病的描述：8岁的时候发高烧，并发连续抽搐，而且持续恶化，很快出现脑部受伤或者自闭的状况（从一开始，医生就不确定病情究竟如何）。

在病情最严重的阶段，他的脊髓液有不正常的现象。大家意见一致之处，是认为他可能得了脑炎之类的疾病。其癫痫症状有很多种：小发作、大发作、运动不能、精神运动性癫痫，这些造成了他的癫痫症格外的复杂。

精神运动性癫痫也会带来突发的情绪波动和暴力行为，在没有发作的期间，也会出现怪异的行为（称之为精神运动性人格）。这些现象，无一例外，都是与颞叶功能失调或是受损有关。而从多张荷西的脑波图可以看到，他的左右两边颞叶功能都有严重失常的状况。

颞叶也关系到听觉能力，特别是理解与产生语言的能力。罗萍不只认为荷西有“自闭”的现象，她也怀疑颞叶失常是否已经造成了“语言与听觉失能”，即无法辨认讲话的音调，以致干扰到他对于使用与理解语言的能力。最让人惊讶的地方，是他逐渐失去了说话的能力，或者退化了。所以，原来能“正常”说话的荷西（他的父母发誓说他以前能够说话），变成了哑巴，从他生病之后，就不再开口。

足不出户的“大宝宝”

有一种能力则明显被“保留”下来了，或许从目前来看是增强了，那就是对绘画有着不寻常的热爱和能力。这一点从他年幼时就很明显，可能还有点遗传性，因为他的父亲也一直很喜爱素描，而他一个年纪大他很多的哥哥，则是个成功的艺术家。

自从荷西发病，得了不可控的癫痫症（一天可能会有二三十次大规模的发作，还有无数次小抽搐、跌倒、记忆空白或做梦状态），失去语言能力，他整体的智力与情绪都在退化，陷入了一种奇怪而悲剧性的境地。他无法继续上学，虽然请了一阵子家教，他还是永远要待在家里，成为一个“全职”的抽搐病人、自闭患者，甚至当个不会说话、智障的孩子。他被认为是不可教育的，无法治疗，可以说是没什么指望。在 9 岁那一年，他“退出”了：退出学校、退出社会，退出了一般孩子理所当然会拥有的一切事物。

15 年来，他几乎足不出户，表面上的原因是由于他那“不可控的癫痫”；他母亲极力表示，她不敢带他出门，怕他每天会在街上发作二三十次。所有抗癫痫的药都试过了，但是他的抽搐状况似乎“无药可救”：至少，他的病历表上是这么写的。荷西有年长的兄姊，但是他与他们的年纪相差太多，使得他成为一个年近50岁的妇人怀里的“大宝宝”。

对于这几年的数据，我们手边有的相当少。实际上，荷西可以说是从这个世上消失了，不只是医学上，其整个的生活都“无法追踪”。如果不是因为他最近病情“爆发”得非常猛烈，第一次被带到医院，他可能一辈子都消失无踪，被关在他那间斗室当中。

在那个小房间内，他并非完全没有内心生活。他特别喜欢看有图片的杂志，尤其是自然历史类的，像是《国家地理杂志》这样的刊物，在没有抽搐的当儿，他会拿起笔来，画出他所看到的事物。

这些画或许是他与外在世界唯一的联系，尤其是有动物、植物的自然世界。他从小就喜欢大自然，特别喜欢和父亲到外面写生。这是他唯一被允许保存下来的能力，且成为他与现实的一项联结。

这就是我得到的故事，或者说，是我从病历表当中拼凑出来的故事。这些病历表中所欠缺的比记载的更多。资料中不足的地方，总共有15年的“空缺”。我的数据源还包括一位曾经拜访过他们的社工人员，他对荷西深感兴趣，但是帮不上忙；也包括荷西如今年迈、生病的父母亲。

不过，若不是他突然爆发猛烈的暴力，一个重击就能把东西敲碎，使他第一次进了州立医院，事情永远没有真相大白的机会。

这番猛烈的病发，究竟是一次痉挛性的暴力（很罕见的情况下，严重的颞叶痉挛会造成这种现象）；或是像他转诊的诊断书上简单写着的只是“精神异状”；还是一个受苦而不能言语的灵魂，一个无法直接表达苦境与需要的人，某种最后、绝望的呼救，原因并不清楚。

可以确知的是，来到医院，他接受了强力的新药，控制他的癫痫，第一次让他得到了一些空间与自由，无论身心都得到了“缓解”。这是他从 8 岁至今，不曾尝过的滋味。

招架不住过度的压力

州立医院，照高夫曼（Erving Goffman）的说法，常是“万事包中心”，只会让病人的病情更加恶化。这种情况当然是有，也不在少数。但是从好处方面来看，州立医院是“庇护所”，这一点高夫曼就很少提到：它是一个收容受苦、受到猛烈煎熬的灵魂的处所，提供他们一个融合了秩序和自由的容身之地。医院对荷西来说是个好地方，甚至在其生命遭受危急之际，是救命的地方，无疑他自己能完全感受到这一点。

突然离开了一向过度亲密的家，他如今发现了别人，发现了一个“专业”而关心他的世界：不论断、不控告、不泛道德化，保持客观的距离，但同时真的在乎他和他的病情。这一点（他已住院 4 个星期）让他燃起了希望，变得比较有活力，开始转向他人，这是他过去不曾有过的，至少从 8 岁自闭症产生以后就再没有过。

不过，希望、转向人群、互动是“被禁止的”，也无疑是非常复杂而“危险”的。荷西过去 15 年都活在受到严密监控的世界里，也就是布鲁诺在论自闭症患者的书中所说的“空城堡”。不过，那里对荷西来说，从来不是空的；那里一直有他所爱的大自然和动植物。这一部分的他，这一扇门一直是打开的。但现在有了“互动”的试探和压力，这样的压力来得太快，也太沉重。在这时候，荷西就会“复发”，又会回到自我封闭、回到早先晃个不停的状况，仿佛想从中找到安慰和安全感。

我第三次见到荷西的时候，不是我找他来诊所，而是在没有事先告知的状况下，到他的病房区找他。他坐在那个可怕的病房中，摇晃着，他的眼睛闭着，一副退缩的模样。看到他这副模样，我心里一阵惊吓，因为我原先一直想象着他“稳定康复”的情况。结果，我看到荷西在退缩状态下的样子（就像我过去一再看到的），看到在他身上并没有发生简单的“苏醒”，有的只是一段艰辛的历程，而他在其中有着兴奋，却也同样感受到危险、加倍的困难和害怕。因为他已经爱上他的牢狱了。

画笔一挥，冬日成春天

我一叫他，他就跳起来，很热切、很渴求地跟着我到了画图室。我又从口袋中掏出细字笔，因为他好像不喜欢医院里用的蜡笔。“你画的鱼，”我的手在空中比划，不知道我说的话他了解多少，“你记得那只鱼吗？可不可以再画一次？”他很热切地点头，从我手上拿过笔。他看到那幅鱼的图片，已经是三个礼拜以前的事了。这一次他会画什么呢？

他合上眼睛一会儿，是唤回印象？然后开始动笔。仍然是一只鳟鱼，彩虹斑点，折边的鱼鳍，还有分叉的鱼尾，但这一次有着非常像人类的特征：一个奇怪的鼻孔（哪有鱼有鼻孔的？），以及两片厚厚的嘴唇。我正打算拿回笔，但且慢，他还没画完。他在想什么？鱼已经画好了。

或许鱼的样子是画出来了，但是景还没完成。以前那只鱼只有孤单一只——好像一种象征，现在则成为世界的一部分。很快地，他画了一只小鱼，一只同伴，正要钻进水里，一副玩得不亦乐乎的样子。接着水面也画出来了，水面掀起一阵浪花。当他画波浪的时候，变得兴奋起来，发出一种奇特、神秘的哭喊声。

我忍不住有种感觉，一种直觉，觉得这幅画是有象征意义的：一只小鱼和大鱼，或许是他跟我？但是最重要，也最令人兴奋的，是他的自发性、直接的表达，不经我的提示，完全靠他自己，就能在画中加入新的元素，画出了生动、嬉戏的景象。在他的画中，就跟他的生活一样，过去一直是没有互动的。现在，即使只是在游戏当中、在象征之中，互动已经回来了。是这样吗？那愤怒、波动的浪花又是什么意思呢？

我觉得最好是回到安全地带；不要再自由联想。我已经看到他的潜能，但我也看过、听过他危险的状况。还是回到安全、像伊甸园般的地方，回到大地之母的怀抱。我找到桌上的一张圣诞卡，一只知更鸟栖息在树干上，四周是树枝和茫茫白雪。我指着鸟，把笔递给了荷西。

他把那只鸟画得很好，还用了红笔画它的胸膛。鸟爪弯曲，紧抓着树干（我在此刻与后来都发现，他需要去特别强调手或脚的抓力，好让接触的地方看起来很稳，几乎是死抓着不放）。然而，怎么回事？树干旁边原本是枯干的树枝，在他的画中不见了，取而代之的，是怒放的花朵。那可能又是另外的象征，虽然我无法肯定。但是凸显其中，令人兴奋而重要的转变是：荷西把冬天变成了春天。

透过画作表达自己

如今，他终于开始说话了，虽然用“说话”来形容还嫌太过，因为他的声音很奇怪，结结巴巴，大部分听不清楚在说什么，有时候还会吓到他自己，就像吓到我们一样。因为所有的人，包括荷西自己，都认为他完全、无可救药的哑巴了；不管是能力缺陷或心理问题，或两者都有，总之就是不会说话了。

而现在这个情况，我们也说不上来是“机能性的”，还是受到鼓舞的结果。我们已经降低了他的颞叶功能混乱的状况，虽然并没有完全消除。他的脑电波图从来不曾是正常的；在这些颞叶的部分，还是有低度的电鸣，有时候有突起、不规则的缓慢波动。不过跟他刚住院时的状况比起来，已经改善许多了。如果他能除去癫痫的现象，还是无法弥补病症已造成的伤害。

毋庸置疑地，我们也同样增进了他生理上说话的潜能，虽然他使用、了解和辨认语言的能力已经永久损伤了，要一辈子忍受这种状况。但是同样重要的是，他现在正为了他恢复理解与说话的能力而奋斗（所有的人都在一旁加油打气，再特别经由一位语言治疗师予以指导）；在这之前，他在绝望、受虐的心态下，已经认命了，甚至完全拒绝与人做任何的沟通，不管是口头的或其他形式都不愿意。语言功能受损，加上不愿意说话，在过去使病况更加严重；而他重新说话，且愿意说话，同时伴随身体的逐渐康复，则令人感到喜上加喜。

即使我们当中最乐天派的人，也可以看得出来，荷西永远不可能以正常的方式说话，说话也永远不会是他表达自己最真实感受的工具，只能拿来传达一些比较简单的需要。他自己似乎也有这点自觉，当他继续为说话奋斗的时候，他也画得更频繁，通过画来表达自己。

领略物外之趣

故事的终曲，是荷西搬离严格的管制区，来到一个比较平静的特别病房区，那个地方比医院其他地方更像家、更人性化：那一区医护人员的素质与人数，都比其他地区高，是特别设计成贝特尔海姆（Bettelheim）所说的“心灵家园”，因为自闭症患者似乎更需要爱和加倍的关心，而没有几家医院能够实现这一点。我到这个病房区，他一看到我就用力挥手，那是非常外向、开放的姿态。我无法想象他以前这么做会是什么样子。他指了指上锁的门，想要打开它，到外头去。

他领头走下阶梯，到了外头，走进花木扶疏、阳光遍地的花园。就我所知，打从8岁起，自从开始发病和退缩情况发生后，他就不曾主动走到外头。我也不需要递给他笔，他自己拿了一只。我们绕着医院走，荷西有时候看着天空和树木，不过多数时候是盯着他的脚看。他在看脚下成片嫩紫、晕黄的苜蓿和蒲公英。他捕捉植物的形状和颜色的能力，非常敏锐：很快就看到一朵少见的白苜蓿，又找到一朵更少见的四叶苜蓿。

他发现了7种不同的草，而且似乎像看到老朋友一样，一个个地打招呼。他最喜欢的是黄色的大蒲公英，花朵绽放，每个小花球都迎向太阳。这是他的植物，它代表了他的感觉，而为了表达这样的感觉，他想画蒲公英。他想要去画、想通过线条表达崇敬的感觉，来得又快又强烈：他跪下来，把画板放在地上，抓着蜡笔就画了起来。

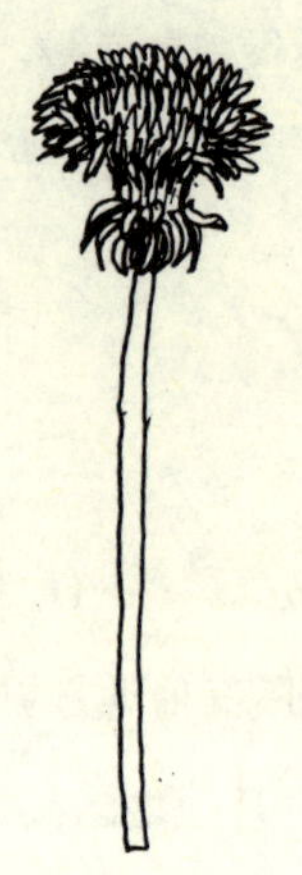

我想，这是自从生病前、小时候父亲带他出去写生到现在，荷西第一次画有生命的东西。那是张精采的画作，精确而生动，显出了他对真实事物、对另一种生命的喜爱。我心里面觉得，他的画很像中古世纪画作中栩栩如生的植物，可说绝不逊色。虽然荷西对于植物学毫无所知，也无法通过教育来学习了解；但他笔下的花，纤毫毕现、昂然挺立，栩栩如生。

他的心智不是为抽象、概念性的事物而造的。那不是一条可以引导他走向真理之路。但是他对于个别、独特的事物充满了热爱和真实的能力。他爱它，能深入其中进行再创造。而独特的事物，只要够独特，也是一条出路，可以说是一条直奔真实和真理的自然之路。

一沙一世界，一花一天堂

抽象、分类性的事物，引不起自闭症患者的兴趣；具体的、特别的、单一事物就是他们所有的世界。无论这究竟是容量的问题，还是性情的关系，却十之八九都是如此。没有概括的概念，也不喜欢做这方面的思考，自闭患者似乎完全以独特的事物来组成他们的世界图像。所以，他们并非身居一个宇宙，而是在詹姆斯（William James）所说的“多宇宙”中，其数目是数不尽的，每个都是明明白白，斑斓至极，独一无二的。相对于将所有的事物都予以概念化，这是心灵的一个极端的形式。这样的心灵也是“真的”，同等的真实，只是跟别人相当的不一样。博尔赫斯笔下的人物“富内斯”，曾经想象过这样的心灵（卢瑞亚《记忆大师的心灵》中也是如此）：

> 让我们忘不了的是，他无法理解柏拉图式的想法。在富内斯丰富的世界中，只有细节，只有当下立即的存在，没有人像可怜的艾瑞诺那般永不疲倦、日以继夜地去感受心灵、感受真实的压迫。

博尔赫斯的艾瑞诺如此，荷西亦然。但这并不一定是可怜、无法自拔的状况：在细微的事物当中，也存在着很深的满足感，特别是当它们闪耀着（就像荷西所能感受到的）象征的光辉时。

我想，像荷西这样一个自闭症者，一个头脑简单的人，能对具体的事物、对于形式有这么高的天分，他其实也在以自己的方式，成为一个自然主义者、自然艺术家。他从形式来掌握这个世界，以直接、强烈感受的形式，再将之重新制作。他具有非常实际的能力，但也同样有比喻的能力。他能够精准地画出一朵花、一条鱼，也能将它们拟人化，成为一个象征、一个梦，或一个笑话。而过去大家都认为自闭症的人没有想象力、不会取乐，更不用说艺术了！

像荷西这样的人，本来是不存在的；像“娜蒂亚”那样的自闭症儿童画家，原本是不应当有的。他们真的是如此罕见吗？还是大家过去都太视而不见了？丹尼斯（Nigel Dennis）在《纽约时报书评》（*New York Review of Books*）一篇讨论娜蒂亚的精采文章中，提出这样的疑问：“这个世界上，究竟还有多少娜蒂亚是被摒弃在外或忽略了，他们得天独厚的能力被揉成一团，丢到垃圾桶里，或只是像对荷西一样，不经三思就将他们当作怪才，孤置一角，认为他们与世界无关，也对世界没有益处。然而，自闭症患者的艺术天分，他们丰富想象力，一点也不稀奇。我在十几年内，没有特别费工夫去找，就看过十多个例子。”

渴望尽情挥洒自己的色彩

自闭患者，因凭他们的天性，很少受外界影响。他们“注定”要与世隔绝，也因此他们所有的都是原创的。他们的“视野”（如果能被外界所见的话）来自内在，呈现原始的面貌。在我的眼里，他们是我们当中特别的“品种”，奇异、原创、全然直接发诸内在，跟别人完全不一样。我越看他们，越有这种感觉。

自闭症过去曾被当作儿童精神分裂症，但其症状所表现的恰好相反。精神分裂患者的抱怨，都是来自外在的“影响”：他很被动、他被玩弄、无法做自己。自闭症者的抱怨（如果他们会抱怨的话）是他们接受不到影响，完全地自外于世界。

“没有一个人是孤岛，只有自己的存在。”多恩（Donne）[1]这么写道。但自闭症正是如此，它是一座孤岛，与大陆切离。“典型”的自闭症，通常在三岁时出现，他们与外在世界这么早就隔绝了，可能毫无记忆。病情第二等级的自闭症，像荷西这类的，是在长大一点以后，由于脑部疾病所引起。他们脑中还有一些记忆存在，或许还会怀念外在的世界。这可能是荷西比大部分自闭症患者容易亲近的原因，也说明了为何他在画画时，会有互动产生。

成为一座孤岛，与世隔绝，就一定虽生犹死吗？那可能是一种死亡，但却不必然如此。虽然失去了与其他人、与社会、文化的“水平”关系，他们仍然拥有重要而密切的“垂直”关系，那就是与自然、与真实之间直接的关系，这样的关系不受外在影响、干预、别人也碰触不到。垂直的接触，在荷西身上非常清晰，因此在他的理解和所画的画中，呈现穿透性与绝对的清晰，没有一丝丝模糊或是不直接的地方，那种力量就像火箭直上云霄，丝毫不受他人影响。

再回到最后的问题：在这个世界，有任何地方可以容纳一个像孤岛的人吗？“主流”能够接纳“独特”，并为它保留空间吗？在社会与文化对于天才的反应上，也有类似的问题。（当然，我并非指所有的自闭症患者都是天才，只是说，他们跟天才一样都有与众不同的特点。）特别要问的是：荷西有什么样的未来？会有某个地方能够运用他的自发性，却又保持它的完整性吗？

他是否能够靠着那双慧眼，以及对于植物的热爱，去绘画园艺插图？或者可以成为动物学或解剖学插画家？（下图是我让他看一本教科书上的“纤毛状外皮”插画之后，他所画的图。）他可以跟随科学

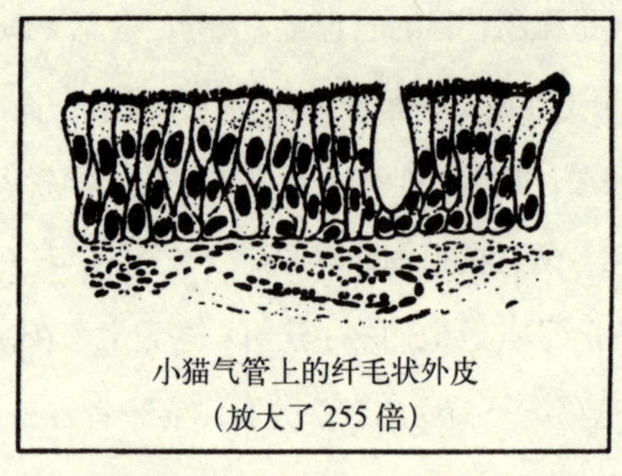

小猫气管上的纤毛状外皮
（放大了 255 倍）

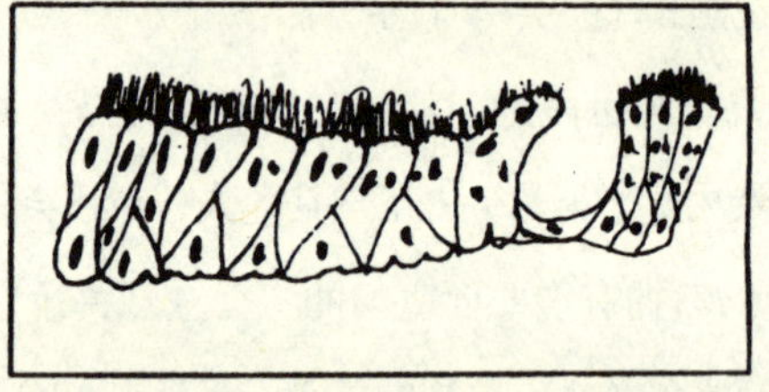

探险队出去，画下稀有品种的模样吗？（他画图与做模型的速度一样快。）他对眼前事物绝对的专注，让他十分适合这样的工作性质。

或者，我们来做个奇怪但并非不合逻辑的思考：以其注重细节，又与众不同的特质，是否适合从事童话故事、儿童读物、《圣经》故事或神话故事的插画工作？或者因为他不识字，只会将字母看成一种纯粹的美丽形式，难道他不能去临摹伟大的手抄本祈祷书和弥撒书？他曾经用马赛克和染色的木头，为教会制作过美丽的圣坛装饰品，也在墓碑上雕刻过精美的字样。他目前的工作，是帮医院手印便条纸，他制作出来的成品，就跟精装本《大宪章》（*Magha Carta*）[2]一样的华丽、精致。这些都是他能做得来，而且做得非常好的工作。

他的成果也会对其他人有用，让人喜欢，他自己也高兴。他其实都可以做，但是除非有人能非常了解他，给他机会、方法，引导他、雇用他，否则他什么也做不来。因为，就像星辰孤处远方，他也很可能因此虚度一生，一事无成，就像其他许多自闭症者一样，被丢在医院的一角，遭人漠视，无人关心。

后记

本篇文章发表之后，我又再次接到许多信件、资料，其中最有趣的一封信是来自帕克博士（也就是第二十三章所提到的帕克太太）。很清楚的一件事是，虽然“娜蒂亚”或许是个特例，她是毕加索之类的天才，但在自闭症患者身上见到有相当高艺术天分的，其实不在少数。而艺术天分的测验，对这些人几乎是派不上用场的。必须像娜蒂亚、荷西及帕克的女儿艾拉那样的，自发性地产出一些杰出的作品。

帕克博士对于“娜蒂亚”，有一篇重要且例证丰富的评论。她根据与自己孩子相处的经验，提出这些画作可能的基要特质。其中包括负面的特点，例如衍生与刻板印象，以及正面的，例如对于延迟表现的特别能力，以及对事物的诠释是经由感受（而不是构思）：所以作品中特别显出一种无邪的灵感。她也指出，他们对于旁人的反应毫不在乎，这会让这样的孩子不易受训练。然而，毋庸置疑地，这一点并不是必然的情况。这一类的孩子不一定对于别人的教导或关心没有反应，虽然可能要很特别的形式才能打动他们。

除了与自己孩子相处的经验外（她的孩子已成年，成为一位有成就的艺术家了），帕克博士也提到日本方面很引人兴趣，但是并非家喻户晓的经验，尤其是森岛（Morishima）和望月（Motzugi）这两个人，他们在教导没有受过指导（并且似乎教不会）的自闭儿童方面有卓著的成就；他们使这些孩子发挥所长，长大后成为有成就的艺术家。他们喜欢以特别的教学技巧（“高度结构性技术训练”，一种早期日本文化中的训练传统），再辅以鼓励绘画做为沟通的方法。不过这样正式的训练，虽然很重要，却仍嫌不足。一种最亲密、同理心的关系还是需要的。帕克博士文章中的结论，或许正合适作为“心智简单者”这一部分的结语：

> 其中的秘诀可能在于别的地方，在于望月所投入的心力，他甚至带了一个智障的艺术家住在家中，他写道：“发展柳春（Yanamura）的天分，秘诀在于分享他的精神。老师需要真心关爱这个美丽、诚实的智障者，跟一个纯洁、智障的世界共同生活。”

*　　注释　　*　　*

1. 多恩（1572~1631），英国诗人，玄学派诗歌的创始人和主要代表人物。——编者注

2.《自由大宪章》是英国封建专制时期宪法性的文件之一，习称《大宪章》。